DEUTSCHE DEMOKRATISCHE REPUBLIK
DEUTSCHE AKADEMIE
DER LANDWIRTSCHAFTSWISSENSCHAFTEN ZU BERLIN

ARCHIV FÜR TIERZUCHT

AKADEMIE-VERLAG · BERLIN

1964 · 7. BAND · HEFT 6

Herausgeber: Deutsche Demokratische Republik · Deutsche Akademie der Landwirtschaftswissenschaften zu Berlin

Chefredakteur: Prof. Dr. Dr. h. c. WILHELM STAHL

Redaktionelle Bearbeitung: Dr. URSULA RUTENBECK

Das Archiv für Tierzucht erscheint in Heften mit einem Umfang von je 5 Druckbogen (80 Seiten). Die innerhalb eines Jahres herausgegebenen 6 Hefte bilden einen Band. Das letzte Heft eines Bandes enthält Inhalts-, Autoren- und Sachverzeichnis.

Der Bezugspreis je Heft beträgt 5,— MDN.

Die Schriftleitung nimmt nur Manuskripte an, deren Gesamtumfang 25 Schreibmaschinenseiten nicht überschreitet und die bisher noch nicht, auch nicht in anderer Form, im In- oder Ausland veröffentlicht wurden. Jeder Arbeit ist eine Zusammenfassung mit den wichtigsten Ergebnissen (nicht länger als 20 Zeilen), wenn möglich auch in russischer und englischer bzw. französischer Sprache, beizufügen. Gegebenenfalls erfolgt die Übersetzung in der Akademie.

Manuskripte sind zu senden an die Schriftleitung, Prof. Dr. Dr. h. c. WILHELM STAHL, Rostock, Gerhart-Hauptmann-Str. 28.

Die Autoren erhalten Umbruchabzüge zur Korrektur mit befristeter Terminstellung. Bei Nichteinhaltung der Termine erteilt die Redaktion Imprimatur.

Für jede Arbeit werden unentgeltlich 100 Sonderdrucke geliefert. Das Honorar beträgt 40,— MDN je Druckbogen und schließt auch die Urheberrechte für das Bildmaterial ein. Dissertationen, auch gekürzte bzw. geänderte, werden nicht honoriert.

Verlag: Akademie-Verlag GmbH, Berlin W 8, Leipziger Straße 3—4, Fernruf: 220441. Telex-Nr. 011773. Postscheckkonto: Berlin 35021. Bestellnummer dieses Heftes: 1058/7/6.

Veröffentlicht unter der Lizenznummer 1286 des Presseamtes beim Vorsitzenden des Ministerrates der Deutschen Demokratischen Republik.

Gesamtherstellung: VEB Druckerei „Thomas Müntzer" Bad Langensalza.

DEUTSCHE DEMOKRATISCHE REPUBLIK
DEUTSCHE AKADEMIE
DER LANDWIRTSCHAFTSWISSENSCHAFTEN ZU BERLIN

ARCHIV FÜR TIERZUCHT

AKADEMIE-VERLAG · BERLIN

1964 · 7. BAND · HEFT 6

Inhalt

DEUTSCHE DEMOKRATISCHE REPUBLIK
DEUTSCHE AKADEMIE
DER LANDWIRTSCHAFTSWISSENSCHAFTEN ZU BERLIN

ARCHIV FÜR TIERZUCHT

AKADEMIE-VERLAG · BERLIN

1964 · 7. BAND

Herausgeber: Deutsche Demokratische Republik · Deutsche Akademie der Landwirtschaftswissenschaften zu Berlin

Chefredakteur: Prof. Dr. Dr. h. c. WILHELM STAHL

Reaktionelle Bearbeitung: Dr. URSULA RUTENBECK

Das Archiv für Tierzucht erscheint in Heften mit einem Umfang von je 5 Druckbogen (80 Seiten). Die innerhalb eines Jahres herausgegebenen 6 Hefte bilden einen Band. Das letzte Heft eines Bandes enthält Inhalts-, Autoren- und Sachverzeichnis.

Der Bezugspreis je Heft beträgt 5,— MDN.

Die Schriftleitung nimmt nur Manuskripte an, deren Gesamtumfang 25 Schreibmaschinenseiten nicht überschreitet und die bisher noch nicht, auch nicht in anderer Form, im In- oder Ausland veröffentlicht wurden. Jeder Arbeit ist eine Zusammenfassung mit den wichtigsten Ergebnissen (nicht länger als 20 Zeilen), wenn möglich auch in russischer und englischer bzw. französischer Sprache, beizufügen. Gegebenenfalls erfolgt die Übersetzung in der Akademie.

Manuskripte sind zu senden an die Schriftleitung Prof. Dr. Dr. h. c. WILHELM STAHL, Rostock, Gerhart-Hauptmann-Str. 28.

Die Autoren erhalten Umbruchabzüge zur Korrektur mit befristeter Terminstellung. Bei Nichteinhaltung der Termine erteilt die Redaktion Imprimatur.

Für jede Arbeit werden unentgeltlich 100 Sonderdrucke geliefert. Das Honorar beträgt 40,— MDN je Druckbogen und schließt auch die Urheberrechte für das Bildmaterial ein. Dissertationen, auch gekürzte bzw. geänderte, werden nicht honoriert.

Verlag: Akademie-Verlag GmbH, Berlin W 8, Leipziger Straße 3—4, Fernruf: 220441. Telex-Nr. 011773. Postscheckkonto: Berlin 35021. Bestellnummer dieses Verzeichnisses: 1058/7.

Veröffentlicht unter der Lizenznummer 1286 des Presseamtes beim Vorsitzenden des Ministerrates der Deutschen Demokratischen Republik.

Gesamtherstellung: VEB Druckerei „Thomas Müntzer" Bad Langensalza.

Inhaltsverzeichnis

Buchbesprechungen

Autorenverzeichnis

Sachverzeichnis

Aus dem Institut für Tierzucht und Milchwirtschaft der Karl-Marx-Universität Leipzig
(Direktor: Prof. Dr. O. Liebenberg)

Otto Liebenberg und Horst Göhler

2. Mitteilung von Versuchsergebnissen über die Mast- und Schlachtleistung der Nachkommengruppen zweier typmäßig unterschiedlicher Besamungsbullen des Deutschen schwarzbunten Rindes

Eingegangen: 23. 4. 1964

Da das Deutsche schwarzbunte Rind im Zweinutzungstyp angestrebt wird, ist es wesentlich, neben der Erkennung der Vererbungstendenz bezüglich Milchleistung und euterphysiologischer Merkmale auch die Mast- und Schlachtleistungseigenschaften wertvoller Besamungsbullen bei ihren Nachkommen zu erfassen. Der steigende Bedarf an Rindfleisch bedingt eine höhere Produktion, die durch die gute Kombination beider Nutzungsrichtungen im Deutschen schwarzbunten Rind erreicht werden kann. Die Mast- und Schlachteigenschaften der Bullen werden an einer bestimmten Anzahl Nachkommen getestet.

Das Institut führt seit 1961 Versuche zur Nachkommenschaftsprüfung auf Mast- und Schlachtleistung durch. Zu diesem Zwecke werden Besamungsbullen ausgewählt, die wesentliche Unterschiede im Körperbautyp aufweisen, um gleichzeitig die mögliche Schwankungsbreite bezüglich der einzelnen Leistungsmerkmale besser zu erfassen. Nachdem bereits im Archiv für Tierzucht Band 6 (1963), Heft 2, über die Untersuchung an zwei typmäßig unterschiedlichen Besamungsbullen berichtet worden ist, sollen in der vorliegenden Arbeit Versuchsergebnisse an zwei weiteren typmäßig unterschiedlichen Besamungsbullen mitgeteilt werden.

1. Versuchsmaterial und -methodik

Das Untersuchungsmaterial bestand aus Nachkommen von zwei Bullen der Besamungsstation Engelsdorf, Bezirk Leipzig. Die angekauften Kälber stammten aus den benachbarten Kreisen Leipzig-Land, Borna und Delitzsch. Als Väter wurden entsprechend ihrer Typunterschiedlichkeit die Bullen Dominant 219 und Marschall 383 ausgesucht.

Dominant war ein tiefer, tonniger Bulle, gut bemuskelt, im mittleren Rahmen stehend.

Marschall zeigte sich als ein etwas spätreifer, schmaler Bulle, knapp bemuskelt, noch im mittleren Rahmen stehend.

Die Charakterisierung dieser Bullen soll durch die ermittelten Körpermaße ergänzt werden.

Körpermaße etwa $3^1/_2$jährig		Dominant	Marschall
Widerristhöhe	cm	141	137
Brusttiefe	cm	85	81
Umdreherbreite	cm	60	51
Röhrbeinumfang	cm	26	23

Die Versuchsdurchführung wurde in Anlehnung an den Vorschlag der Sektion Tierzucht, Tierernährung und Fischerei der Deutschen Akademie der Landwirtschaftswissenschaften zu Berlin vorgenommen. Sie konnte jedoch nicht konsequent angewendet werden, da das anfallende wirtschaftseigene Futter der Versuchsstation, in der die Bullen als einzige Rinder standen, verwertet werden mußte.

Die Beschaffung der Bullenkälber, Unterbringung, Haltung und Fütterung der Bullen erfolgte analog dem vorangegangenen Versuch der Nachkommengruppen „Graner 9850“ und „Robbi 9848“. Zum Ankauf gelangten 11 Kälber von Dominant und 14 Kälber von Marschall. Die Beschaffung der Dominant-Kälber bereitete große Schwierigkeiten, und es konnten trotz umfangreicher Bemühungen nicht 12 Tiere angekauft werden. Von der Dominant-Gruppe mußte ein Tier im Alter von 12 Wochen notgeschlachtet werden, und von der Marschall-Gruppe wurde ein Tier mit einem Lebendgewicht von 386 kg geschlachtet. Das Tier hatte einen Abzeß an der Luftröhre und Metastasen an der Leber. Somit konnten nur 10 Nachkommen des Dominant, aber 13 Nachkommen von Marschall zur Auswertung herangezogen werden.

Die Prüfung begann am 21. Lebenstag. Die Tiere erhielten Einzelfütterung nach folgendem Schema:

Vollmilch: 112 kg insgesamt je Tier (durchschnittlich 41 kg ab Prüfungsbeginn)

Magermilch: 686 kg insgesamt je Tier (durchschnittlich 644 kg ab Prüfungsbeginn)

Kraftfutter: ab Prüfungsbeginn bis 16. Lebenswoche beliebig bis zu einer Höchstmenge von 2,0 kg täglich;
ab 17. Lebenswoche bis Versuchsende 2,5 kg täglich

Heu: ab Prüfungsbeginn zunächst beliebig bis zu einer Höchstmenge von 2 kg täglich

Grün- und Saftfuttermittel aller Art nach Jahreszeit:
ab 17. Lebenswoche bis Versuchsende beliebig bis zur vollen Sättigung (Höchstaufnahme 33 kg/Tag)

Die Zusammensetzung des Kraftfutters entspricht nicht ganz dem Standard. Die Gründe wurden bereits angeführt.

Der Nährstoffaufnahme und -berechnung liegen Nährstoffanalysen von sämtlichen Futtermitteln zugrunde, die im chemischen Labor des Instituts angefertigt wurden.

2. Die Mastleistung der Nachkommengruppen

2.1. Nährstoffaufnahme

Tabelle 1
Tägliche Nährstoffaufnahme

	Dominant-Nachkommen			Marschall-Nachkommen		
	Trocken-masse kg	verdaul. Roh-protein kg	kStE	Trocken-masse kg	verdaul. Roh-protein kg	kStE
21. Tag bis Ende des						
1. Vierteljahres	1,536	0,320	1,066	1,513	0,317	1,059
2. Vierteljahr	3,544	0,484	2,148	3,694	0,501	2,245
3. Vierteljahr	5,168	0,676	3,070	5,319	0,700	3,144
4. Vierteljahr	5,612	0,582	3,357	5,887	0,607	3,512
1 Jahr bis Mastende	6,499	0,601	3,693	7,044	0,645	3,930
21. Tag bis Mastende (Lebendtag)	4,358	0,527	2,626	4,472	0,541	2,674
Prüfungsabschnitt						
70 bis 420 kg Körpergewicht	4,818	0,564	2,865	4,886	0,577	2,886

Die durchschnittliche tägliche Nährstoffaufnahme der beiden Nachkommengruppen ist vor allem auch deshalb ermittelt worden, um festzustellen, ob eine teilweise ad-libitum-Fütterung, wie sie bei diesem Versuch vorkam, eventuell unterschiedliche Nährstoffaufnahmen zwischen den Gruppen widerspiegelt.
Die tägliche Nährstoffaufnahme, sowohl von Trockenmasse als auch von verdaulichem Rohprotein und Stärkeeinheiten, die bis zum ersten Lebensvierteljahr bei der Dominant-Gruppe noch höher liegt als bei der Marschall-Gruppe, verlagert sich jedoch mit Beginn des 2. Lebensvierteljahres zugunsten der letzteren. Diese Tendenz der höheren täglichen Nährstoffaufnahme läßt sich bis Mastende verfolgen und zeigt sogar ab dem Lebensalter von einem Jahr zwischen Dominant-Gruppe und Marschall-Gruppe eine schwache Signifikanz hinsichtlich der Trokkenmasseaufnahme von $P = 5\,\%$. Aus der Tabelle ist zu erkennen, daß die Tendenz zur besseren Futteraufnahme bei den Marschall-Nachkommen besteht und ab dem Alter von einem Jahr bei einem Körpergewicht von etwa 350—360 kg verstärkt wird. Insgesamt gesehen unterscheiden sich die beiden Gruppen aber nicht signifikant voneinander. Ein Vergleich der Ergebnisse hinsichtlich der täglichen Nährstoffaufnahme mit dem bereits erwähnten ersten Versuch läßt dieselbe Tendenz erkennen.

2.2. Entwicklung des Körpergewichtes

Lebendgewicht bei Versuchsbeginn (21. Tag):
Dominant-Gruppe 48,0 kg
Marschall-Gruppe 53,7 kg

Im Vergleich der beiden Nachkommengruppen liegen die höheren täglichen Zunahmen zweifellos bei den Marschall-Nachkommen. Sie hatten auch, wie schon erwähnt, eine höhere Nährstoffaufnahme zu verzeichnen. Lediglich im 3. Lebens-

Tabelle 2
Tägliche Zunahmen in g

	Dominant-Nachkommen	Marschall-Nachkommen
21. Tag bis Ende des 1. Vierteljahres	756	795
2. Vierteljahr	934	977
3. Vierteljahr	1000	979
4. Vierteljahr	691	691
1 Jahr bis Mastende	1148	1297
21. Tag bis Mastende	895	918
Prüfungsabschnitt 70 bis 420 kg Körpergewicht	910	931

vierteljahr übertrifft die Dominant-Gruppe die Marschall-Nachkommen täglich um durchschnittlich 21 g Zunahme. Die Differenzen zwischen den Nachkommengruppen können jedoch in keinem Quartal statistisch gesichert werden. Die durchschnittlich täglichen Zunahmen im Prüfungsabschnitt 70—420 kg Körpergewicht von 910—930 g liegen nicht allzu hoch. Die Ursache dafür ist in der Verfütterung der wirtschaftseigenen Futterstoffe zu suchen, die im Gegensatz zur standardisierten Trockenfütterung manchmal eine unter der Norm liegende Stärkeeinheitenaufnahme zur Folge hatte.

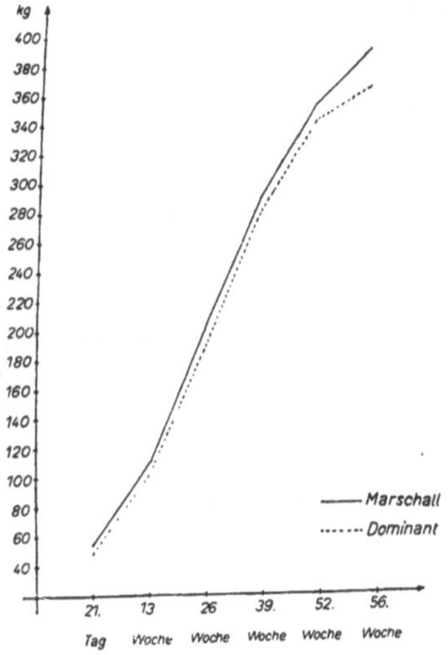

Abb. 1:
Entwicklung des Körpergewichtes

Aus der graphischen Darstellung (Abb. 1) wird ersichtlich, daß die Marschall-Gruppe bis zu 1 Jahr etwa immer um 10 kg Körpergewicht höher liegt als die Dominant-Gruppe und diesen Unterschied bis Mastende sogar auf 20—25 kg ausweitet. Der Dominant-Gruppe fehlt es am zügigen Weiterwachstum, was besonders von dem Körpergewicht ab 350—360 kg in Erscheinung tritt.

Ein Vergleich mit dem ersten durchgeführten Versuch zeigt, daß die Nachkommen der etwas schwach bemuskelten und schmalen Bullen insgesamt etwas höhere tägliche Zunahmen aufweisen, aber in den einzelnen Lebensquartalen unterschiedliche Ergebnisse zeigen.

2.3. Futterverwertung

Tabelle 3
Nährstoffverbrauch je kg Zuwachs

	Dominant-Nachkommen			Marschall-Nachkommen		
	Trocken-masse kg	verdaul. Roh-protein kg	kStE	Trocken-masse kg	verdaul. Roh-protein kg	kStE
21. Tag bis Ende des 1. Vierteljahres	2,056	0,430	1,428	1,919	0,404	1,344
2. Vierteljahr	3,785	0,518	2,297	3,794	0,515	2,308
3. Vierteljahr	5,193	0,678	3,086	5,460	0,719	3,234
4. Vierteljahr	8,440	0,876	5,048	8,855	0,913	5,280
1 Jahr bis Mastende	6,061	0,560	3,432	5,848	0,534	3,254
21. Tag bis Mastende	5,081	0,606	3,030	5,074	0,609	3,018
Prüfungsabschnitt 70 bis 420 kg Körpergewicht	5,292	0,620	3,147	5,250	0,620	3,101

Bei der Betrachtung der Zahlen sollte man beachten, daß eine Beeinflussung des Nährstoffaufwandes je kg Zuwachs durch den wechselnden Einsatz jahreszeitlich unterschiedlicher Futterstoffe gegeben ist. Entscheidend für uns ist aber, festzustellen, inwieweit Unterschiede zwischen den Nachkommengruppen bestehen.

Wie die Ergebnisse zeigen, bestehen zwischen beiden Gruppen geringfügige Unterschiede, die keinesfalls statistisch zu sichern sind. Während die Dominant-Gruppe im 2.—4. Lebensquartal das Futter etwas besser verwertet, so sprechen doch die anderen Mastabschnitte für die Marschall-Nachkommen, die insgesamt eine wenig bessere Futterverwertung aufweisen. Eine durch eventuelle Typenunterschiede hervorgerufene unterschiedliche Futterverwertung trat nicht auf. Die Ergebnisse des ersten Versuches lassen deutliche Unterschiede zwischen den Nachkommengruppen erkennen. Die Unterschiede sind statistisch gesichert und deuten darauf hin, daß die Nachkommen des wüchsigen, schmalen Bullen eine bessere Futterverwertung haben als die Nachkommen des tiefen, quelligen im geringeren Rahmen stehenden Bullen.

3. Entwicklung der Körpermaße

Die Entwicklung der Körpermaße bedürfen vor allem hinsichtlich der Typunterschiede einer Sichtung.

Die bei den Nachkommengruppen ermittelten Körpermaße weisen keinesfalls nähere Beziehungen zu ihren Vätern auf.

Tabelle 4

Entwicklung der Körpermaße der beiden Nachkommengruppen (cm)

	Widerristhöhe	Kreuzhöhe	Rumpflänge	Brustumfang	Brusttiefe	Rippenbrustbreite	Umdreherbreite	Röhrbeinumfang
Dominant								
21. Tag	72,5	75,8	66,9	85,0	28,6	15,7	22,1	11,9
Ende des 1. Vierteljahres	84,1	90,3	87,1	105,2	37,7	22,7	28,4	13,6
2. Vierteljahres	97,2	103,9	104,8	127,3	45,7	25,3	33,3	15,1
3. Vierteljahres	107,4	112,9	119,1	149,1	53,0	30,5	39,1	17,2
4. Vierteljahres	115,5	120,4	133,0	165,6	58,4	35,1	43,8	18,5
Mastende 420 kg (Schlachtmaße)	120,3	124,9	140,8	178,0	62,2	37,6	45,8	19,5
Marschall								
21. Tag	75,3	78,5	71,5	88,1	30,3	17,8	23,1	12,2
Ende des 1. Vierteljahres	88,4	93,1	89,4	112,1	38,8	24,0	29,9	14,3
2. Vierteljahres	100,5	106,1	107,8	128,0	46,5	25,2	34,1	15,4
3. Vierteljahres	110,8	116,0	122,5	149,5	53,7	30,2	39,8	17,5
4. Vierteljahres	117,9	123,0	135,6	165,8	59,0	35,1	44,3	18,9
Mastende 420 kg (Schlachtmaße)	122,8	126,8	142,9	176,8	62,3	36,8	46,2	19,8

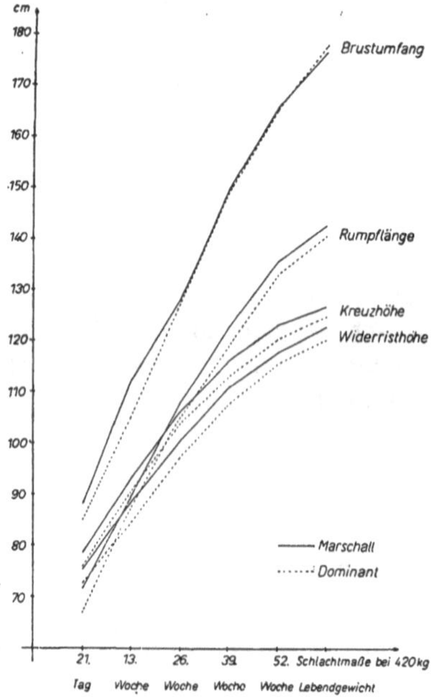

Abb. 2a:
Entwicklung der Körpermaße

Abb. 2b:
Entwicklung der Körpermaße

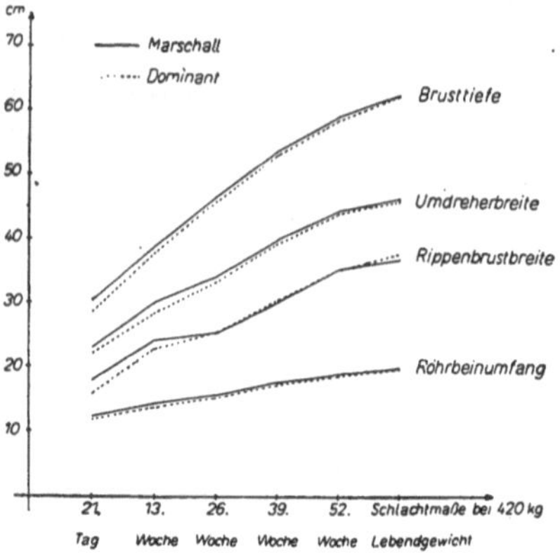

Die Marschall-Gruppe zeigt während der einzelnen Lebensabschnitte eine um 2,5—4 cm größere Widerristhöhe gegenüber der Vergleichsgruppe, obwohl Marschall selbst 4 cm niedrigere Widerristhöhe hat als Dominant.

Ähnlich in der Tendenz liegen die Verhältnisse bei der Brusttiefe, so daß man kaum von einer Spätreife der Marschall-Nachkommen sprechen kann, wie es von ihrem Vater angenommen wird.

Zusammenfassend ist zu sagen, wie auch aus der graphischen Darstellung (Abb. 2a und 2b) hervorgeht, daß die Marschall-Nachkommen während der einzelnen Altersabschnitte im Hinblick auf Höhen- und Längenwachstum die Dominant-Nachkommen stets übertreffen.

Die Unterschiede in Tiefen-, Umfang- und Breitenmaßen außer der Rippenbrustbreite verringern sich mit Zunahme

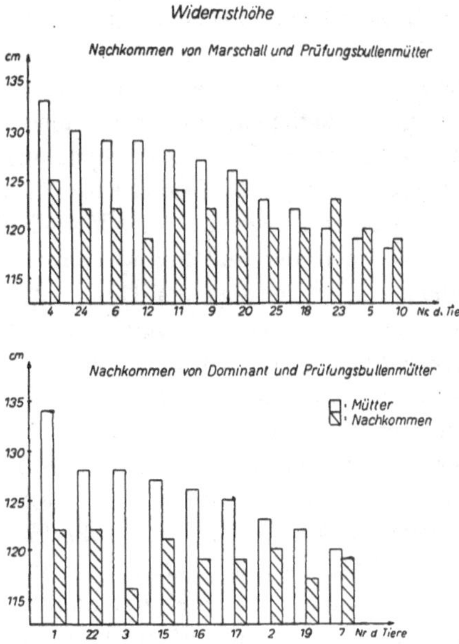

Abb. 3a:
Widerristhöhe der Bullenmütter im Vergleich zu ihren Söhnen

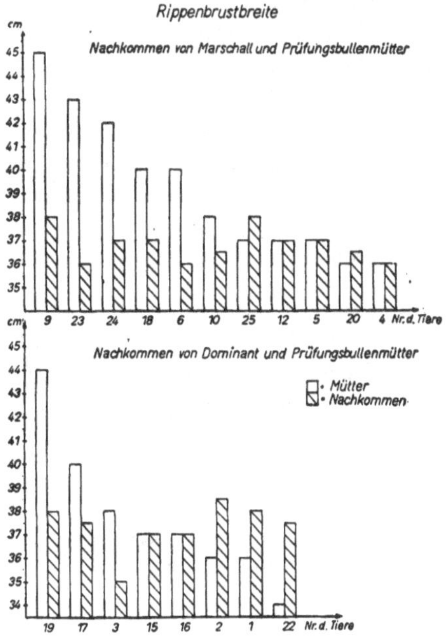

Abb. 3b:
Rippenbrustbreite der Bullenmütter im Vergleich zu ihren Söhnen

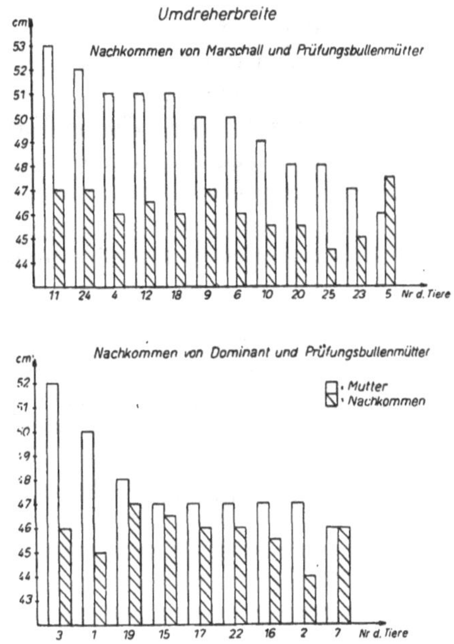

Abb. 3c:
Umdreherbreite der Bullenmütter im Vergleich zu ihren Söhnen

des Lebensalters zwischen beiden Gruppen und sind am Mastende kaum noch beachtenswert.
Die Rippenbrustbreite wechselt zwischen beiden Gruppen. Es kann somit weniger von grundsätzlichen Typunterschieden gesprochen werden als vielmehr von Unterschieden im Wachstumsrhythmus. Die von WITT [4] bezüglich des Körperbautyps angeführten Gesichtspunkte können bei unseren Untersuchungen nur bedingt bestätigt werden. Die Marschallgruppe, die insgesamt als großwüchsiger, teilweise schmaler und knapp bemuskelter (vergl. auch Schlachttierlebendbeurteilung 4.1.) gegenüber der Dominant-Gruppe gilt, zeigt in der Schlachtleistung einen geringeren Depotfettanteil und schneidet hinsichtlich der Fleischfülle nur unbedeutend schlechter als die Vergleichsgruppe ab. Nach unserer Meinung sind die Wachstumsunterschiede während der verschiedenen Lebensabschnitte zwischen den Nachkommengruppen teilweise wesentlich stärker als am Mastende bei 420 kg. Demzufolge sind die Unterschiede in der Schlachtleistung zwischen den Gruppen nicht so bedeutend, um Rückschlüsse auf etwaige Typunterschiede zu ziehen. Letztlich wirkt sich auch die große Variation innerhalb einer Gruppe aus.
Wie in diesem Abschnitt dargelegt, zeigen die Körpermaße der Väter keine näheren Beziehungen zu denen der Söhne. Es erhebt sich nun die Frage, inwieweit ein Einfluß seitens der Mütter bezüglich des Körperbautyps vorhanden ist.
Von den Bullenmüttern sind drei Maße beim Ankauf der Kälber genommen worden. Es handelt sich um die Maße Widerristhöhe, Rippenbrustbreite und Umdreherbreite. Ein Vergleich dieser Maße mit den Mastendmaßen der Söhne läßt, wie aus den Abb. 3a—3c hervorgeht, folgendes Bild erkennen:
Von allen drei Maßen ergeben sich bei keiner Prüfungsgruppe brauchbare Beziehungen zwischen den Müttern und Söhnen. Bei jedem der aufgezeigten Maße sind Söhne vorhanden, die sowohl höhere als auch niedrigere Werte gegenüber ihren Müttern aufweisen. Unsere Untersuchungen demonstrieren somit, daß die geprüften Nachkommen im Körperbautyp keine näheren Beziehungen zu ihren Müttern aufweisen.

4. Schlachtleistung der Nachkommengruppen

4.1. Lebendbeurteilung

Über die Lebendbeurteilung nach dem DLG-Schema gibt die Tab. 5 Auskunft. Dieses Schema ist trotz Anerkennung seiner Mängel, die eine solche subjektive Beurteilung in sich birgt, benutzt worden, um die erwarteten Typunterschiede,

Tabelle 5
Lebendbeurteilung nach dem DLG-Schema

	Höchst-punktzahl	Dominant-Nachkommen	Marschall-Nachkommen
Brust, Bug und Hals	10	8,8	7,9
Rücken und Lende	15	13,4	12,5
Becken und Keule	15	13,8	12,5
Gesamteindruck	10	8,7	7,8
Punkte insgesamt	50	44,7	40,7

die zwischen den Vätern vorhanden sind, bei den Nachkommen festzustellen. Leider zeigen sich keine bedeutenden Unterschiede. Die Dominant-Gruppe ist insgesamt etwas besser beurteilt als die Marschall-Gruppe.

4.2. Form, Gewicht und Zerlegung des Schlachtkörpers

Tabelle 6

Messungen an der ausgekühlten Schlachthälfte

		Dominant-Nachkommen	Marschall-Nachkommen
Schlachtlänge I	cm	150,8	152,3
Schlachtlänge II	cm	131,5	132,7
Schlachtlänge III	cm	66,9	68,5
Schlachtlänge IV	cm	100,6	103,7
Länge der Keule	cm	75,7	77,2
Keulenumfang A	cm	66,7	66,3
Keulenumfang B	cm	106,8	105,2
Querschnitt des *musculus longissimus dorsi*	cm^2	56,1	53,6

Die Längenmaße an der ausgekühlten Schlachthälfte weisen analog den Maßen am lebenden Tier bei der Marschall-Gruppe höhere Werte auf. Bei der Schlachtlänge III und IV liegen signifikante Unterschiede zwischen den beiden Nachkommengruppen vor:

Schlachtlänge III $P = <5\%$

Schlachtlänge IV $P = <1\%$.

Neben dem absolut längeren Rücken hat die Marschall-Gruppe auch eine längere Keule (P 5%). Das am lebenden Tier unmittelbar vor dem Schlachten genommene Keulenmaß c (Abstand Schwanzansatz – Keulenansatz über dem Sprunggelenk) und das Gregorymaß (horizontaler Kniescheibenabstand) deuten ebenfalls auf eine bessere Keulenausbildung der Marschall-Gruppe hin.

			t-Test
Keulenmaße	Dominant 57,1 cm	Marschall 58,9 cm	–
Gregorymaß	Dominant 104,5 cm	Marschall 106,2 cm	–

Vergleicht man aber die Keulenumfänge A und B der beiden Gruppen miteinander, so verändern sich die Verhältnisse weitgehend zugunsten der Dominant-Gruppe. Auch der Querschnitt des *musculus longissimus dorsi* ergibt einen höheren Gruppendurchschnitt für die Dominant-Nachkommen, der jedoch statistisch nicht zu sichern ist.

Das Teilstückgewicht Keule mit Hüfte liegt im Durchschnitt der Dominant-Nachkommen um 0,635 kg höher als bei der Marschall-Gruppe. Die gleiche

Tendenz läßt sich auch bei den Schlachtkörperteilstücken Fehlrippe und Dreirippenstück erkennen. Wie die Ergebnisse zeigen, ist es zumindest sehr problematisch, auf Grund der Maße am lebenden Tier auf die Schlachtkörperquantität zu schließen.

Tabelle 7

Gewicht der Schlachttiere bzw. Schlachtkörper (in kg)

	Dominant-Nachkommen	Marschall-Nachkommen
Lebendgewicht	422,1	424,5
Schlachthofgewicht	405,7	406,7
Warmgewicht	226,6	223,8
Kaltgewicht	222,9	220,2
Zweihälftenausbeute bezogen auf Kaltgewicht %	54,9	54,1

Aus dieser Zusammenstellung geht hervor, daß die Dominant-Gruppe trotz des niedrigeren Schlachthofgewichtes ein höheres Schlachtkörpergewicht aufweist und somit eine etwas höhere Schlachtausbeute ergibt. Eine Sicherung der Gruppenmittel ist jedoch nicht gegeben.

Tabelle 8

Ergebnisse der Zerlegung der rechten Schlachthälfte (in kg)

	Dominant-Nachkommen	Marschall-Nachkommen
Hals	9,010	9,046
Blatt und Hesse	19,080	19,308
Fehlrippe	10,910	10,562
Brust	11,730	11,131
Dreirippenstück	3,643	3,390
Dünnung	7,130	7,085
Keule und Hüftstück	39,350	38,715
Roastbeef und Lende	10,040	9,762

Die Differenzen zwischen den Nachkommengruppen sind bei den einzelnen Teilstücken oft recht minimal und statistisch nicht zu sichern. Damit bestätigen sich erneut die schon bei früheren Versuchen gesammelten Erfahrungen, daß zwischen Nachkommengruppen keine extremen Unterschiede in den Gewichten der Teilstücke bestehen.

Aus der Schlachtkörperbeurteilung wird ersichtlich, daß die Dominant-Gruppe hinsichtlich der Fleischfülle und der Qualität des Fleisches besser ist als die Marschall-Gruppe. Sie weist aber auch einen höheren Verfettungsgrad auf (vgl. Abschn. 4.4.).

Tabelle 9
Schlachtkörperbeurteilung

	Höchst-punktzahl	Dominant-Nachkommen	Marschall-Nachkommen
1. Fleischfülle			
Vorderviertel	8	7,1	6,1
Hinterviertel	12	10,7	9,7
2. Fettansatz			
Oberflächenfett	5	2,5	2,7
Nierenbeckenfett	5	3,2	3,0
3. Qualität des Fleisches			
Marmorierung	10	6,4	6,2
Gesamtbeschaffenheit des Fleisches	10	9,8	9,6

4.3. Gewicht der Organe sowie einiger Körperteile

Tabelle 10
Gewicht der Organe und einiger Körperteile (in kg)

	Dominant-Nachkommen	Marschall-Nachkommen
Leber	4,886	5,146
Herz	1,902	1,735
Nieren	0,971	1,030
Milz	0,812	0,774
Lunge	3,259	3,271
Kopf	14,470	14,546
Haut	36,770	39,323
4 Füße	5,778	6,011

Ähnlich wie die Ergebnisse über die Nachkommenschaftsprüfung der Bullen „Graner“ und „Robbi“ dokumentieren auch diese Zahlen, daß höhere Organgewichte gerade bei den Nachkommen auftreten, die als großrahmige, muskelarme, dem Milchleistungstyp nahestehende Tiere anzusprechen sind. Unterschiede zwischen den beiden Gruppen konnten statistisch nicht gesichert werden. Lediglich das Gewicht der Haut zeigte Signifikanz ($P < 5\%$).

4.4. Fettgehalt der Schlachtkörper

Die Unterschiede zwischen beiden Nachkommengruppen sind in keinem Falle statistisch zu sichern, sprechen aber für einen geringeren Gesamtinnenfettanteil der Marschall-Gruppe. Innerhalb der beiden Gruppen besteht eine beträchtliche individuelle Schwankung hinsichtlich dieses Merkmals. Dieselbe Tendenz des höheren Gesamtinnenfettanteils bei den Nachkommen des tiefen, quelligen, im

Tabelle 11
Fetteinlagerung im Schlachtkörper (in kg)

	Dominant-Nachkommen	Marschall-Nachkommen	t-Test
Darmfett	3,116	2,866	–
Netzfett	4,096	3,370	–
Nierentalg	2,895	2,761	–
Gesamtinnenfett	10,107	8,997	–
Mechanisch getrenntes Fett im Dreirippenstück %	16,6	16,5	–
Chemisch bestimmtes Fett im Fleisch des Dreirippenstückes %	12,32	13,53	–
Trockensubstanzgehalt im Fleisch des Dreirippenstückes %	33,80	34,68	–
Fett in einer Probe der Dünnung %	12,88	15,37	–
Trockensubstanzgehalt der Dünnung %	33,66	35,85	

geringeren Rahmen stehenden Bullen zeigte sich bei den bereits erwähnten Nachkommen der Bullen „Graner" und „Robbi".

Zur Schätzung der Fetteinlagerung im Schlachtkörper soll bekanntlich das Dreirippenstück wertvolle Hinweise ergeben. Nach HARING und Mitarbeiter korreliert der Fettgehalt des Schlachtkörpers mit dem Fettgehalt des Dreirippenstückes (chemisch bestimmtes Fett — intramuskuläres Fett + mechanisch getrenntes Fett) $r = 0{,}91$ [2]. Untersuchungen anderer Autoren ergeben ebenfalls Korrelationskoeffizienten von $r = > 0{,}9$ [1].

Während bei der mechanischen Trennung des Dreirippenstückes der Fettgehalt beider Gruppen fast gleich ist, wird er bei der chemisch ermittelten Methode für die Marschall-Gruppe etwas höher. Die Berechnung der Variationskoeffizienten zeigt aber die große individuelle Schwankung im Fettgehalt innerhalb einer Gruppe, während die Werte für den Trockensubstanzgehalt wesentlich geringer sind.

Variationskoeffizienten

		Dominant	Marschall
Trockensubstanzgehalt des Dreirippenstückes	%	9,56	8,48
Fettgehalt des Dreirippenstückes	%	28,00	25,06
Trockensubstanzgehalt einer Probe der Dünnung	%	14,71	12,13
Fettgehalt einer Probe der Dünnung	%	34,32	32,92

Rangkorrelationskoeffizienten errechnet aus dem Verbrauch an StE/kg Zunahme im Prüfungsabschnitt 70—420 kg und der Gesamtmenge an Innenfett weisen unterschiedliche Beziehungen auf.

Dominant-Nachkommen: $r_{Ra} = +0{,}4061$
Marschall-Nachkommen: $r_{Ra} = +0{,}1813$
} nicht signifikant von 0 verschieden

Inwieweit es möglich ist, eine Prüfung der Mastleistung in kürzeren Mastperioden vielleicht nur durch eine Kälbermast durchzuführen, wurde am vorliegenden Material erneut in Erwägung gezogen. Zum Vergleich werden die Werte der bereits früher getesteten Bullen „Robbi" und „Graner" angeführt.

Rangkorrelation:

Tägl. Zunahmen, Abschnitt 10. Tag bis Ende 13. Lebenswoche zu Prüfungsabschnitt 70—420 kg	Robbi $r_{Ra} = +0{,}45$ Graner $r_{Ra} = +0{,}03$
Tägl. Zunahmen, Abschnitt 21. Tag bis Ende des 1. Lebensvierteljahres zu Prüfungsabschnitt 70—420 kg	Dominant $r_{Ra} = +0{,}7485++$ Marschall $r_{Ra} = +0{,}321 -$

Die Ergebnisse sind sehr unterschiedlich und lassen diese Methode als nicht geeignet erscheinen.

Zusammenfassung

1. Im Institut für Tierzucht und Milchwirtschaft der Karl-Marx-Universität Leipzig wurden in Anlehnung an den ersten Versuch erneut zwei Nachkommengruppen von Besamungsbullen des Deutschen schwarzbunten Rindes (Dominant 219 und Marschall 383) mit unterschiedlichem Körperbautyp bei Einsatz von voluminösen wirtschaftseigenen Futterstoffen auf ihre Mast- und Schlachtleistungseigenschaften geprüft.
2. Die Marschall-Nachkommen zeigen ab dem 1. Lebensvierteljahr die höheren Nährstoffaufnahmen, die am Ende der Mast noch verstärkt werden.
3. Bessere tägliche Zunahmen lassen sich bei der Marschall-Gruppe feststellen, obwohl die Unterschiede zur Vergleichsgruppe in keinem Lebensabschnitt statistisch gesichert werden können.
4. Bezüglich der Futterverwertung kann während der einzelnen Lebensabschnitte nicht von einem Dominieren einer Gruppe gesprochen werden, obwohl im Prüfungsabschnitt 70—420 kg Körpergewicht die Marschall-Nachkommen besser als die Vergleichsgruppe abschneiden.
5. Die Ergebnisse der Körpermessungen dokumentieren einmal, daß die vorhandenen Typunterschiede der Väter in der Nachzucht nicht deutlich zum Ausdruck kommen und deshalb eher von Unterschieden im Größenwuchs der beiden Nachkommengruppen gesprochen werden sollte. Ferner weist ein Vergleich verschiedener Körpermaße bezüglich des Körperbautyps zwischen den Bullenmüttern und ihren Söhnen keine näheren Beziehungen auf. Zum anderen lassen die Lebendmaße vor dem Schlachten erkennen, daß ihre Unterschiede nicht extrem sind und man bezüglich der vermutlichen Schlachtleistungen keine sicheren Aussagen treffen kann.
6. Hinsichtlich der Schlachtleistung sind nur wenig statistisch gesicherte Unterschiede zwischen beiden Gruppen vorhanden.
7. Der Fettgehalt im Schlachtkörper ergibt bei beiden Halbgeschwistergruppen eine große individuelle Variation und dürfte bei stärkerer Beachtung nicht ohne Einfluß auf die Zuchtarbeit sein.

Резюме

С учетом первого опыта в институте снова исследовались две группы потомков быков-производителей чернопестрой породы с различной конституцией. Цель исследований — проверка откормочных и убойных качеств в условиях скармливания объемистых кормов. Группа Маршалла как по поеданию кормов, так и по суточным привесам превзошла другую группу, несмотря на то, что разности с ней в общем не обладали статистической достоверностью. По использованию кормов потомки Маршалла оказались лучше другой группы. Однако, достоверной разности не получено. Результаты измерения животных свидетельствуют о том, что имеющиеся в типе отцов различия неясно отражаются в потомстве. Различия между группами имеются прежде всего в росте. Сравнение обусловленных типом телосложения промеров между матерями быков и их сыновьями не проявляет более тесных отношений. Предубойные данные измерения не дают достоверной информации о предполагаемом убойном качестве. В отношении убойного качества имеется лишь мало статистически достоверных разностей между обеими группами. Содержание жира в туше дает по обеим группам полубратьев и полусестер большую индивидуальную вариацию.

Summary

Two further descendant groups of insemination bulls of the "German Schwarzbunt" cattle breed with differing physical structures were tested for their fattening and carcass characteristics by means of voluminous farm fodder, in the Institute, on the basis of the first test. Nutrient absorption and daily weight increases of the Marschall group were found to be higher than those of the other group, although the distinctions from the comparison group as a whole were not secured statistically. Marschall descendants were found to be better than the comparison group as far as fodder utilization was concerned, but no significance was found either. The results obtained from body dimensioning have shown that the type distinctions of the sires were not clearly expressed in the descendants. The differences between the two groups apply mainly to the sizes. No close relations were revealed by a comparison between different body dimensions in regard to the body structures of bull mothers and their sons. The body dimensions prior to slaughtering do not give secured information as to expected carcass yields. There are only very few statistically secured distinctions between the two groups as far as carcass yields are concerned. The fat content in the slaughtered body shows large individual variants in the two half-sister groups.

Literaturverzeichnis

[1] Gravert, H. O.: Erblichkeit von Fleischeigenschaften beim Rind, I. Teil. Z. f. Tierzüchtung und Züchtungsbiol. 1962, 78, 43–74

[2] Haring, F., R. Gruhn und E. Täger: Nachkommenprüfung auf Mastleistung und Schlachtwert beim Rind, II. Teil. Züchtungskde. 1958, 30, 148–155

[3] Liebenberg, O., und L. Göllnitz: Über die Mast- und Schlachtleistung der Nachkommengruppen zweier typmäßig unterschiedlicher Besamungsbullen des Deutschen schwarzbunten Rindes. Arch. f. Tierzucht 1963, 6, 140–159

[4] Witt, M.: Nutzungsrichtungen der Rinderzucht. In: Hammond-Johansson-Haring, Handbuch der Tierzüchtung, 1961, Bd. III/1, Verl. Parey, Hamburg und Berlin

Aus dem Institut für Tierhaltung Knau
der Deutschen Akademie der Landwirtschaftswissenschaften zu Berlin
(Direktor: Prof. Dr. habil. KLAUS SCHOLZ)

URSULA HIMMEL

Untersuchungen zum Einfluß veränderter Melkzeiten auf Milchmenge und -fettgehalt von Kühen

Eingegangen: 27. 5. 1964

Im Zuchtziel der Rinderrassen wird heute ein geräumiges, gut geschlossenes und weit nach vorn reichendes Euter gefordert, das einen großen Anteil aktiver Drüsenmasse bei möglichst geringen Bindegewebseinlagerungen aufweisen soll. Die dadurch mögliche große Dehnbarkeit des Eutergewebes ist die Voraussetzung dafür, daß die Milch vor dem Melken gebildet und im Euter gespeichert werden kann. Die frühere Auffassung, daß in der Zwischenmelkzeit nur etwa 50% der beim Melken anfallenden Milch vorgebildet werden und während des Melkens selbst eine starke Sekretion einsetzt, konnte in neuerer Zeit widerlegt werden.

Bei der Milchbildung entleeren zunächst die mit Nährstoffen angereicherten Zellen ihr Sekret in die Hohlräume der Drüsenbläschen, ein Vorgang, der sich im Laufe eines Tages häufig wiederholt. Die leergemolkenen Milchkanäle füllen sich so in den ersten Stunden der Melkpause bis zu ihrem maximalen Volumen. Erst wenn in der Alveole ein gewisser Druck überschritten ist, fließt ein Teil der Milch in das Leitungssystem des Euters ab. Die weitaus meiste Milch aber bleibt bis zum Beginn des Melkens in den Drüsenbläschen.

Weiter wird die Milchbildung vom Milchdruck im Kuheuter reguliert. Dem Druck des ausgestoßenen Sekrets der Drüsenzellen wirkt der von den gefüllten Alveolen entgegen, bis die Milchbildung versiegt. Demzufolge verläuft der Milchbildungsprozeß in der leeren Alveole am schnellsten und wird mit deren Ausdehnung immer langsamer. Das im Zuchtziel geforderte, weit nach vorn und hinten ausladende Euter wirkt sich demnach fördernd auf die Milchbildung aus, da großflächig angesetzte Euter im allgemeinen über ein größeres Speicherungsvermögen verfügen.

Diese physiologischen Gesetzmäßigkeiten sind wichtig für die Behandlung der Probleme bei den Melkintervallen von Kühen. Hier gibt es noch eine Reihe von Fragen, deren Klärung für die günstigste Arbeitsverteilung bzw. -ersparnis im Kuhstall von Wichtigkeit ist.

Das DAL-Institut für Tierhaltung Knau stellte im Jahr 1963 Untersuchungen darüber an, ob das Fassungsvermögen des Kuheuters ausreicht, die produzierte Milchmenge auch nach einer 14-, 16- und 18stündigen Melkpause aufzubewahren, oder ob bei einem größeren Intervall ein Milchrückgang eintritt.

Zur Beobachtung der Auswirkung unterschiedlicher Melkintervalle (8, 10, 12, 14 und 16 Stunden) auf die Milchleistung und den prozentualen Fettgehalt standen insgesamt 20 Kühe der Rasse Deutsches Fleckvieh zur Verfügung, deren gleichmäßige Aufteilung in je eine Kontroll- und Versuchsgruppe erfolgte. Dabei entsprach jeweils ein Tier der Kontrollgruppe einem der Versuchsgruppe hinsichtlich Leistung, Laktationsstand und Alter. Der Bericht der letzten Milchkontrolle vor Beginn der Untersuchungen ergab, daß die Kühe der Kontrollgruppe eine durchschnittliche Milchleistung von 12,4 kg, die der Versuchsgruppe von 12,43 kg hatten. Die Versuche wurden bei ganztägiger Weidehaltung durchgeführt, wobei die Auswertungen nur die Kühe erfaßten, die während der Versuchszeit nicht trockengestellt wurden.

Zur Versuchsmethodik ist zu bemerken, daß wir von sämtlichen Tieren sowohl Milchmenge als auch -fettgehalt jeder Kuh einzeln täglich ermittelten, um Schwankungen und den Zeitraum der Normalisierung feststellen zu können.

Während der Untersuchungen bei 14- und 16stündigen Melkintervallen gliederten wir in einen Vor-, Haupt- und Nachversuch. Die Kontrollgruppe wurde während der Versuchsdauer im üblichen Ablauf nach jeweils 12 Stunden gemolken. Beim Vor- und Nachversuch wurde bei der Versuchsgruppe dieser Rhythmus ebenfalls angewendet, beim Hauptversuch dagegen die Melkpause zwischen Abend- und Morgengemelk auf 14 bzw. 16 Stunden verlängert.

Das angefallene Untersuchungsmaterial wurde in den drei Versuchsperioden von je 10 Tagen zu einem Wert zusammengezogen, da weniger die Wirkung der längeren Melkpause auf das Einzeltier, sondern mehr der Einfluß auf die Gesamtmilchmenge interessierte.

Die erste Versuchsperiode sah die Verlängerung der Pause zwischen Abend- und Morgengemelk auf 14 Stunden und demnach eine Verkürzung des Tagintervalls auf 10 Stunden vor. Die Gegenüberstellung der Gesamtgemelke in Tab. 1 zeigt, daß durch diese Verschiebung der Melkzeiten keine nennenswerte Beeinflussung der Milchleistung festzustellen war.

Tabelle 1

	Kontroll-gruppe (in kg Milch)	Versuchs-gruppe (in kg Milch)	Differenz zur Kontrollgruppe in %
Vorversuch	12 und 12 Stunden		
	1255,3	1246,9	−0,68
Hauptversuch	12 + 12 Std.	14 + 10 Std.	
	1199,3	1199,6	+0,03
Nachversuch	12 und 12 Stunden		
	1175,5	1166,2	−0,88

BLAU gibt an, daß mit länger werdendem Melkzeitenabstand der innere Euterdruck die Bildung des Milchserums dahingehend beeinflußt, daß immer weniger Milch je Zeiteinheit produziert wird. Nachts konnte allerdings ein langsameres Anwachsen des Milchdruckes beobachtet werden, da wahrscheinlich das Drüsengewebe während dieser Zeit entspannter ist.

Ob und inwieweit ein Rückgang der Milchbildungsintensität bei einer 16stündigen Melkpause während der Nacht zu bemerken ist, und ob eine Beeinflussung des Milchertrages stattfindet, war die Problematik unserer zweiten Versuchsreihe.

Die Differenzen der Milchmenge innerhalb der Versuchsperioden und zwischen den Gruppen unterlagen dabei wieder nur geringfügigen Schwankungen (Tab. 2), die statistisch nicht gesichert werden konnten.

Tabelle 2

	Kontroll-gruppe	Versuchs-gruppe	Differenz zur Kontrollgruppe in %
	in kg Milch		
Vorversuch	12 und 12 Stunden		
	1213,1	1255,4	+3,48
Hauptversuch	12 + 12 Std.	16 + 8 Std.	
	1169,8	1208,6	+3,32
Nachversuch	12 und 12 Stunden		
	1185,0	1218,6	+2,83

Hansson und Petersen überprüften an eineiigen Zwillingen die Milcherzeugung bei Melkintervallen von 12 + 12,9 + 15 sowie 8 + 16 Stunden. Die sich ergebenden geringen Unterschiede konnten ebenfalls statistisch nicht gesichert werden.

Bemerkenswert ist, daß bei den eigenen Untersuchungen das Morgengemelk der Versuchsgruppe während des Hauptversuches (16 + 8 Stunden) um 30,32% höher als das Abendgemelk war.

Tab. 3 zeigt, wie stark bei einer 16stündigen Melkpause das Euter belastet wurde.

Tabelle 3
Prozentuales Verhältnis zwischen Morgen- und Abendgemelk

	Kontrollgruppe, %	Versuchsgruppe, %
Vorversuch	12 + 12 Std.	12 + 12 Std.
morgens	51,26	51,21
abends	48,74	48,79
Hauptversuch	12 + 12 Std.	16 + 8 Std.
morgens	51,63	65,16
abends	48,37	34,84
Nachversuch	12 + 12 Std.	12 + 12 Std.
morgens	50,77	52,57
abends	49,23	47,43

Das Fassungsvermögen des Euters scheint demnach größer zu sein, als es die Leistung je Melkzeug erfordert. Trotzdem war bei den Kühen, die nach dem 16stündigen Intervall gemolken wurden, nach dem Eintreiben in den Vorwartehof des Melkstandes eine starke Beunruhigung zu bemerken; ein zu frühes Abgeben der Milch konnte jedoch nicht festgestellt werden.

In erster Linie ist die Wirkung der verlängerten Zwischenmelkzeit vom Fassungsvermögen des Euters und der Milchbildungsgeschwindigkeit abhängig. Das

Fassungsvermögen des Euters ist eine individuelle Anlage, demzufolge ist die Reaktion der einzelnen Kühe auf verlängerte Intervallzeiten auch unterschiedlich.

Da nicht allein die Milchmenge, sondern auch der prozentuale Fettgehalt der Milch Bedeutung hat, erfolgten bei den Versuchen auch Fettbestimmungen. Der prozentuale Fettgehalt war bei einem Intervall von 14 + 10 Stunden nahezu unverändert. Eine Erhöhung des Fettgehaltes um 0,22% pro Tier im Durchschnitt der 10 Versuchstage war dagegen bei einer 16-Stunden-Nacht- und 8-Stunden-Tagpause festzustellen. Dieser Wert war bei $p = 0{,}01$ gesichert. SCHMIDT und TINBERGEN, die sich mit dem Einfluß verschiedener Melkintervalle auf Milchmenge, Milchfett und Trockenmasse befaßten, konnten dagegen keine Veränderungen bei dem prozentualen Fettgehalt der Milch ermitteln.

Als Erklärung für den bei unseren Versuchen errechneten höheren prozentualen Fettgehalt bei Verschiebung der Melkzeiten (16 + 8 Stunden) sei folgendes angeführt.

Bei den Untersuchungen über die Bildung des Milchserums hat sich ergeben, daß bei erhöhtem Euterdruck die Milchproduktion der Drüsenbläschen gehemmt wird, daß aber bei der Bildung der Fetttröpfchen scheinbar keine Beeinflussung auftritt. Mit länger werdendem Melkzeitenabstand wird je nach Drüsenmasse und Eutervolumen immer weniger Milch je Zeiteinheit gebildet, die Fettproduktion ist dagegen gleichbleibend.

Demnach müßte die in den Alveolen abgelagerte Milch immer fettreicher werden. Beobachtungen zeigen aber, daß die im längeren Zeitabstand ermolkene Milch im Fettgehalt niedriger ist als die während eines kürzeren Intervalls gewonnene. Als Ursache ist die Feststellung zu vertreten, daß nach dem Melken eine bestimmte Menge Restmilch mit einem hohen Fettgehalt im Euter verbleibt, die während eines längeren Milchbildungszeitraumes am größten ist.

In dieser fettreichen Restmilch wird normalerweise bei einer kurzen Zwischenmelkzeit relativ wenig Milch neu hinzugefügt. Das Gemelk nach einer verkürzten Melkpause würde zu einem großen Teil aus Restmilch bestehen, da diese, wie erwähnt, nach einem längeren Intervall zu einem hohen Prozentsatz im Euter verbleibt. Der Milchfettgehalt kann demnach durch das Ausmelken eines großen Teiles Restmilch beeinflußt werden.

Im Verlauf eines Tages ist zweifellos der prozentuale Fettgehalt der Milch von verschiedenen anderen Faktoren, wie Fütterung, Schwankungen der Lufttemperatur, Ruhe vor dem Melken usw., abhängig. Unseren Versuchsergebnissen ist aber zu entnehmen, daß sich eine 16stündige Nacht- und eine 8stündige Tagmelkpause positiv auf die Fettmenge der Milch ausgewirkt haben.

Zusammenfassend ist zu unseren beiden ersten Versuchsreihen zu bemerken, daß bei einer Intervallspanne von 14 und 10 bzw. 16 und 8 Stunden gegenüber den 12stündigen Melkpausen keine Beeinflussung der Milchmenge aufgetreten ist. Der prozentuale Fettgehalt der Milch konnte während der Versuchsreihe 16 und 8 Stunden Melkintervalle gegenüber den 12stündigen Melkpausen etwas gesteigert werden.

In einer weiteren Versuchsreihe sollte geprüft werden, ob und in welcher Höhe sich ein Ausfall an Milch und Milchfett ergeben würde, wenn einmal in der Woche durch Verschiebung der Melkzeiten zweier Tage eine von vier Melkzeiten ausfallen würde.
Normalerweise beginnen die Melkzeiten in unserem Versuchsbetrieb um 4.00 und 16.00 Uhr. Für 2 Tage, also 48 Stunden, ergeben sich demnach 4 Melkzeiten mit 12stündigen Abständen. Eine Arbeitsersparnis könnte dadurch erreicht werden, daß eine dieser 12stündigen Zwischenmelkzeiten mit je 6 Stunden auf die vorhergehende und die folgende verteilt würde. Demnach wären die 4 Zwischenmelkzeiten von je 12 Stunden durch 2 Zwischenmelkzeiten von je 18 Stunden und eine dritte von 12 Stunden ersetzt. Es könnte, z. B. an Sonntagen, die Melkarbeit wesentlich vereinfacht werden, wenn am Sonnabend um 16.00 Uhr, am Sonntag nur um 10.00 Uhr und am darauffolgenden Montag um 4.00 Uhr gemolken wird.

Für unseren Versuch, bei dem einmal in der Woche während 48 Stunden nur dreimal gemolken wurde, standen 16 Kühe (DF) zur Verfügung. Die Tiere befanden sich auf der Weide, der Ausfall einer Melkzeit wurde viermal hintereinander wiederholt. Die Durchschnittsleistung der Kühe in der Versuchsgruppe belief sich vor Versuchsbeginn auf 10,56 kg Milch mit 3,32% Fett, Mengen, die nicht als Höchstleistungen zu werten sind, was bei der Analyse der Versuchsergebnisse zu berücksichtigen ist.
Allgemein ist zu bemerken, daß sich die Kühe während der Versuchsperiode nicht an das einmalige Melken je Tag gewöhnt haben. Es konnte vielmehr beobachtet werden, daß die Tiere vom bisherigen Melkbeginn, 4.00 Uhr, bis zum neuen, 10.00 Uhr, kaum gelegen haben bzw. ein dauernder Wechsel zwischen Liegen und Stehen stattfand. Die Zeit des verlängerten Aufenthaltes auf der Weide wurde nur wenig zum Grasen genutzt.
Verhaltensbeobachtungen hinsichtlich der Aktivität der in die Untersuchung einbezogenen Kühe auf der Weide wurden in der Zeit von 6.30–10.00 Uhr (Melkbeginn) durchgeführt und sind in Tabelle 4 dargestellt:

Tabelle 4

Zeit	Fressen, %	Bewegung, %	Liegen, %
6.30– 7.00	29,10	23,67	47,23
7.00– 7.30	30,41	34,01	36,58
7.30– 8.00	21,37	51,50	27,13
8.00– 8.30	17,87	71,12	11,01
8.30– 9.00	11,42	80,58	8,00
9.00– 9.30	0,00	97,34	2,66
9.30–10.00	3,15	96,85	0,00

Die angegebenen Prozentzahlen weisen die Stückzahl der Kühe in Prozent zur gesamten Versuchsgruppe aus. Ein Laufenlassen der Milch konnte lediglich bei zwei Tieren festgestellt werden, und zwar beim Eintrieb zum Melkstand. Euterschäden waren nicht festzustellen.

Über den Einfluß des einmaligen Melkens auf die Milchmenge gibt Tabelle 5 Auskunft. Dabei wurden die durchschnittlichen Werte der einzelnen Versuchskühe in der Vorperiode den Werten gegenübergestellt, die in der Hauptperiode gewonnen wurden. Zu bemerken ist, daß aus technischen Gründen der Ausfall einer Melkzeit nicht an z. B. 4 aufeinanderfolgenden Sonntagen, sondern jeweils nach einer Spanne von 60 Stunden wiederholt wurde.

Tabelle 5
Gegenüberstellung der Milchmengen bei zweimaligem und einmaligem Melken

Tier-Nr.	Vorversuch Milch kg/Tag	Hauptversuch Milch kg/Tag
3	9,78	6,30
7	9,80	7,60
9	13,12	8,75
11	12,06	7,85
14	12,52	9,32
15	6,44	4,72
21	10,04	8,35
48	10,72	7,85
Durchschnitt	10,56	7,59

Während in der Periode des normalen Melkens eine durchschnittliche Tagesleistung je Kuh von 10,56 kg anzugeben ist, minderte der Wegfall einer Melkzeit den Ertrag um 2,97 kg. Dagegen waren die Schwankungen der Durchschnittsleistung der Kontrollgruppe (8 Kühe) gering, d. h., sie beliefen sich im Vorversuch auf 11,99 kg und im Hauptversuch auf 11,54 kg. Eine Gegenüberstellung der Differenz der Mittelwerte der Versuchsgruppe nach dem t-Vergleich ergab eine Signifikanz bei $p = 0{,}01$ und ist demnach zweifach gesichert.

Die Abb. 1 des Milchmengenverlaufes bei ein- und zweimaligem Melken verdeutlicht nochmals den starken Leistungsabfall in dem Abschnitt mit den längeren Zwischenmelkzeiten.

Bei dem einmaligen Melken um 10.00 Uhr lieferten die Kühe etwa 150% der Milchmenge, die sie zuvor bei 12stündigen Zwischenmelkzeiten erzeugt hatten. Demnach hätten die Tiere bei der darauffolgenden Melkzeit, d. h. nach weiteren 18 Stunden, ebenfalls 150% zur normalen Menge bringen müssen. Diese Leistung war jedoch um etwa ¼ geringer.

WITT hat Untersuchungen darüber angestellt, wieviel Milch die Kühe je Stunde in den verschiedenen Zwischenmelkzeiten erzeugen. Dabei zeigte sich, daß in dem ersten 18stündigen Melkabschnitt die Stundenproduktion völlig unverändert blieb. Die Kühe gaben nach 18 Stunden 150% der Milchmenge einer 12stündigen Zwischenmelkzeit. Erst in der folgenden zweiten 18stündigen Melkzeit ging die Leistung ebenfalls zurück. Dieses Verhalten deutet darauf hin, daß die Prolactinausschüttung durch die Verlängerung der Zwischenmelkzeit ungünstig beeinflußt wurde. Prolactin wird bekanntlich in vollem Umfang nur beim Auftreten

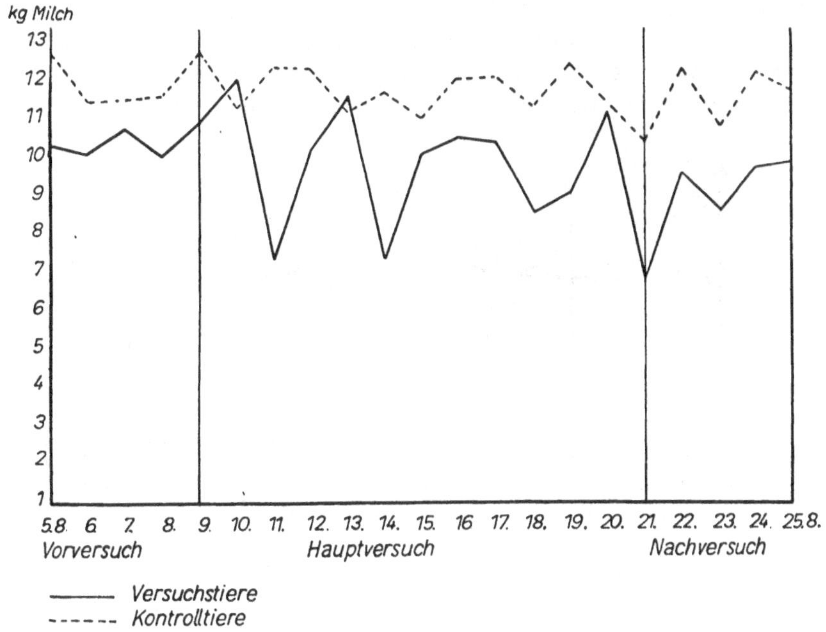

Abb. 1:
Darstellung des Milchmengenverlaufes bei ein- und zweimaligem Melken

nervöser Reize (z. B. Melken oder Saugen) ausgeschüttet. Bei verlängerten Melkpausen geht die Milchzeugung zurück, da die Reize nicht häufig genug auftreten und demzufolge nicht genügend Prolactin zur Verfügung steht. Witt hält daher zwei aufeinanderfolgende 18stündige Zwischenmelkzeiten als äußerste Grenze, da eine dritte 18stündige Melkpause eine weitere Verringerung der Prolactinausschüttung und eine entsprechende Einschränkung der Milcherzeugung zur Folge haben würde.

Tabelle 6
Gegenüberstellung des prozentualen Fettgehaltes bei zwei- und einmaligem Melken

Tier-Nr.	Vorversuch Durchschnittliche Fett-%	Hauptversuch Durchschnittliche Fett-%
3	3,22	2,57
7	2,74	3,55
9	3,04	3,72
11	3,08	3,35
14	3,12	3,10
15	4,04	3,55
21	3,46	3,69
48	3,08	3,20
Durchschnitt	3,22	3,34

Da die Milch nach ihrem Fettgehalt bezahlt wird, sind auch die Auswirkungen des Ausfalles einer Melkzeit auf den prozentualen Fettgehalt von Interesse. Die eigenen Versuchsergebnisse zeigen, daß gegenüber der Vorperiode eine Erhöhung der Fettprozente im Durchschnitt je Versuchskuh von 0,12% eingetreten ist.

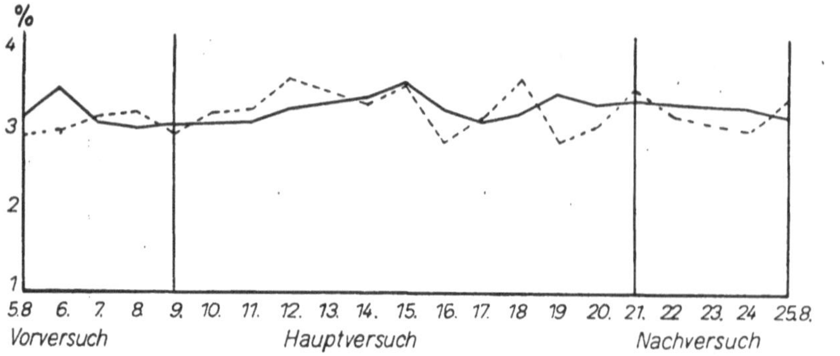

Abb. 2:
Darstellung des Fett-%-Verlaufes bei ein- und zweimaligem Melken

Die Differenz der Mittelwerte konnte bei $p = 0{,}01$ gesichert werden. Der Verlauf des prozentualen Fettgehaltes ist der beigefügten Abb. 2 zu entnehmen.

Aus den angeführten Versuchsergebnissen sind Anregungen zum Problem Melkzeiten, koordinierter Arbeitstag und Schichtarbeit zu entnehmen, da die 12-Stunden-Melkpausen ohne Schichtarbeit einen nicht zusammenhängenden Arbeitsablauf bei den Tierpflegern bedingen.

Zusammenfassung

Im DAL-Institiut für Tierhaltung Knau durchgeführte Untersuchungen an Kühen des Deutschen Fleckviehes zeigten bei Intervalländerungen von 14 und 16 Stunden gegenüber den üblichen 12-Stunden-Melkpausen keine Beeinflussung der Milchmengen. Das Melken erst nach 18 Stunden jedoch ergab im Durchschnitt je Tier eine Verminderung der Milchmenge um 2,97 kg/Tag, so daß nicht empfohlen werden kann, z. B. an Sonntagen eine Melkzeit ausfallen zu lassen.
Der prozentuale Fettgehalt der Milch konnte während der 16- und 18stündigen Melkpausen gegenüber den 12stündigen um 0,22 bzw. 0,12% gesteigert werden.
Da die Eutereigenschaften als individuelle Anlage zu werten sind, reagiert jedes Tier unterschiedlich auf die Intervalländerung. Weil diese Eigenschaften eine hohe Heritabilität besitzen, muß auf dem Wege der Selektion ein gut geformtes, voluminöses Euter erreicht werden.

Neuere Beobachtungen anderer Versuchsansteller zeigen, daß die Zucht eines großräumigen Euters mit hohem Speichervermögen nur eine geringe Differenz zwischen der Milchmenge beim 2- und 3maligen Melken bewirkt, die in keinem Verhältnis zum Mehraufwand an Arbeit steht. Daß das Fassungsvermögen der Euter durchschnittlich veranlagter Kühe so groß ist, daß selbst nach 16stündiger Melkpause keine Leistungsbeeinflussung stattfand, ist den Tabellenwerten der eigenen Untersuchungen zu entnehmen.
Der Milchverlust bei nur einer täglichen Melkzeit ist sowohl mit dem Anstieg des Euterinnendrucks als auch mit der verminderten Prolactinausschüttung zu begründen. Die Reaktion der Kühe auf das einmalige Melken sollte in weiteren Versuchen, besonders an Tieren mit hohen Leistungen und großräumigen Eutern untersucht werden.

Резюме

Исследование коров немецкой пестрой породы показало, что количество молока не изменяется, если доение проводят через интервалы в 14 и 16 часов, а не, как обычно, через 12 часов. Лишь перерыв в 18 часов понизил получаемое в среднем от животного количество молока на 2,97 кг в сутки, вследствие чего, например в выходные дни, не рекомендуется опустить одну дойку. В условиях 16 и 18-часовых перерывов, по сравнению с 12-часовыми, можно было повысить содержание жира в молоке на 0,22 и соответственно на 0,12%. На изменение перерывов между дойками каждое животное отзывается по своему. Ввиду того, что свойства вымени обладают высокой наследуемостью необходимо путем отбора достичь вымени хорошей формы и большой емкости. Другие опытники установили, что при наличии емкого вымени с сильной аккумулирующей способностью получаются лишь небольшие разности между двукратным и трехкратным доениями, не оправдывающие повышенной затраты труда в последнем случае. Исходя из наших исследований емкость вымени у коров со средней продуктивностью столь велика, что даже 16-часовый перерыв не влиял на их продуктивность. Потеря молока в условиях лишь однократного доения в сутки объясняется как повышением давления в вымени, так и снижением выделения пролактина. Предусмотрено проведение дальнейших опытов, особенно на животных с высокой продуктивностью и емким выменем. Приведенные результаты представляют интерес при решении проблем часов доения, координированного рабочего дня и сменной работы.

Summary

Investigations with cows of the "German Fleckvieh" breed have not shown any effect on milk quantities, when the usual 12-hour intervals between milking were changed to 14 or 16 hours. Increases of the intervals up to 18 hours, however, caused an average milk quantity reduction by 2.97 kg per animal and day so that the skipping of a milking time on Sundays may not be recommended. The fat percentage of the milk obtained after 16 to 18 hours intervals was increased as against the 12 hours sequence by 0.22 or 0.12%, resp. The reactions to prolonged intervals vary from animal to animal. Well-shaped, voluminous udders should be strived for by way of selection, since udder properties have a high degree of inheritability. Other investigations have shown only neglective differences in milk quantities between two and three milkings which do not pay the increased labour input, in the case of voluminous udders with high storing capacities. Our investigations have shown that the capacity of average udders is sufficiently big to avoid any yield decrease even after a milking pause of 16 hours. The milk loss which is observed in the case of only one milking time a day may be explained by an increase of the internal pressure in the udder as well as by a reduction of the prolactine flow. This problem should be clarified by further investigations, in particular on animals with high yields and voluminous udders. Inspirations on the problems of milking times, co-ordination of working hours, and shift work may be derived from the aforementioned test results.

Literaturverzeichnis

[1] BLAU, G.: Milch vom Euter bis zur Kanne. Landwirtschaftsverlag, Hiltrup, 1958

[2] BLAU, G.: Beiträge zum Studium des Milchentzuges beim Rind. Züchtungskde. 1955, Heft 3

[3] BOGNER, H., M. BURGKART und H. LAUB: Untersuchungen über den Ausfall einer Melkzeit innerhalb einer Woche bei Weidegang und Stallhaltung. Tierzüchter 1963, H. 17

[4] CAMPBELL, R. W. D.: The effect of nine – twelve and fifteen hour intervals during the day and the night on milk produktion. J. Dairy Res. 4. Ref. Züchtungskde. 1933, H. 8

[5] CLAESSON: Folgen des Ausfalls einer Melkzeit. Svensk Husdjursskötsel, 1962, Heft 1 (Ref. Züchtungskunde 1962, Heft 4)

[6] GERLACH: Untersuchungen über die Milchergiebigkeit von Kühen bei verschiedenen Melkabständen im Verlauf mehrerer Laktationen. Kieler Milchwirtsch. Forschungsber. 4, 1963

[7] HANSSON, H.: Neue Untersuchungen an eineiigen Rinderzwillingen. Schr.-R. Max Planck Inst. f. Tierzucht und Tierernähr. Mariensee, Sonderband 1961

[8] LIEBENBERG, O.: Über die züchterische Beeinflussung von Euterform und -größe. Tierzucht, 1957, Heft 2.

[9] KOSHI, J. H., und W. E. PETERSEN: The effect of the length of intervals between milkings on the milk and butterfat produktion. J. Dairy Sci. 1954, 37

[10] PETERSEN, N.: Nur zweimal täglich melken? Deutsche Landwirtschaftliche Presse, 1957, Heft 6

[11] SCHNAPPERELLE: Die Viehwirtschaftsbrigade im Kuhstall und ihre Arbeit. Dt. Bauernverl., Berlin, 1959

[12] WITT, M.: Ausfall einer Melkzeit bei Kühen. Tierzüchter 1955, H. 26

[13] WITT, M., und B. SENFT,: Bei Weidegang am Sonntag nur eine Melkzeit. Mitteilungen der Dt. Landwirtsch.-Ges., 1963, H. 16

[14] WITT, M., und B. SENFT: Gemeinschaftlich Melken. Technik und Landwirtsch. 1957, H. 20

Aus dem Institut für Tierhaltung Knau
der Deutschen Akademie der Landwirtschaftswissenschaften zu Berlin
(Direktor: Prof. Dr. habil. KLAUS SCHOLZ)

OTTO SIEGL

Untersuchungen zur Möglichkeit der Verkürzung des Mastabschnittes in den Mastprüfungsanstalten für Schweine

Eingegangen: 28. 2. 1964

Die Nachkommenprüfungen auf Mastleistung und Schlachtwert bei Schweinen zählen schon seit Jahrzehnten international mit zu den bedeutendsten Selektionsmethoden. Der hohe Stand der Schweineproduktion verschiedener Länder ist hierfür sichtbarer Ausdruck. Es besteht Einigkeit darüber, daß zur Erhöhung des Selektionserfolges diese Prüfungen in neutralen Stationen durchgeführt werden. Es wurden deshalb für Bau und Einrichtung solcher Anstalten beachtliche finanzielle Mittel investiert, und es kann festgestellt werden, daß die DDR seit 1961 über 10 komplette Nachkommenprüfungsanstalten — davon 5 mit Einzelhaltung der Schweine — verfügt, in denen in größerem Umfang Mastleistungsprüfungen durchgeführt werden.

Es zeigt sich nun in vielen Ländern, daß nach ausreichender Zurverfügungsstellung von Schweinefleisch — ähnlich ist es bei anderen Fleischarten — die Qualität in den Mittelpunkt gerückt wird, und mit Recht macht der Konsument seine höheren Ansprüche geltend. Schweine mit einem hohen Anteil an wertvollen Teilstücken wie Kotelett, Schinken, Kamm und Schulter und möglichst wenig eingelagertem Fett werden bevorzugt.

Damit liegt es also im Sinne der Entwicklung, daß die Produktion von Fleischschweinen verstärkt wird. Da die Schlachtmerkmale allgemein eine hohe Heritabilität aufweisen, ist hier auch mit einem entsprechend höheren Selektionseffekt zu rechnen. Je mehr Zuchttiere — in Abhängigkeit von der Prüfungskapazität der Anstalten — auf ihre Veranlagung hin geprüft werden können, umso rascher wird der züchterische Fortschritt gewährleistet.

Die Erhöhung der Prüfungskapazität kann auf 2 Wegen erfolgen, und zwar a) durch Schaffung neuer oder Erweiterung vorhandener Nachkommenprüfungsstationen und b) durch Verkürzung des Prüfungsabschnittes und die dadurch erzielte Erhöhung des Umtriebes.

Im Rahmen dieser Untersuchungen soll auf die letztere Möglichkeit eingegangen werden.

Je nach dem Marktziel, welches die einzelnen Länder anstreben, ist auch der Prüfungsabschnitt unterschiedlich. Die Skala des geprüften Gewichtsabschnittes reicht von 20 bis 125 kg. Dabei haben sich die Länder mit Baconproduktion allgemein auf den Bereich von 20—90 kg festgelegt, während die Länder, welche

sowohl auf viel Fleisch als auch auf eine mittlere Höhe (durchschnittlich 4 cm) von Auflagefett orientieren (z. B. die DDR), die Nachkommenprüfungen von 40 bis 110 kg (andere auch von 30—100 kg) durchführen.
Die Frage, ob bei verkürztem Prüfungsabschnitt der Erbwert für die Mastleistung mit gleicher Zuverlässigkeit nachgewiesen werden kann, war bereits Gegenstand von Untersuchungen. So stellten WÖHLBIER und Mitarbeiter fest, daß bereits die Prüfung des Gewichtsabschnittes von 30—65 kg für die Beurteilung der Masteigenschaften ausreichen würde. SCHMIDT berichtete über die Gründe, welche die Landwirtschaftsministerien von Bayern und Baden-Württemberg veranlaßten, ab 1. 1. 1960 die Mastleistungsprüfungen schon bei einem Gewicht von 100 kg abzuschließen. Gegenüber 110 kg verkürzt sich dabei die Mastdauer um ca. 14 Tage, was bei einer jährlich dreimaligen Belegung eine Zeiteinsparung von 42 Tagen bedeutet. Schließlich ist auch die Prüfung bis 100 kg wesentlich billiger. SCHMIDT führte als besonders wichtigen Gesichtspunkt weiter an, daß bei dem Mastendgewicht von 100 kg dann bereits die Prüfungsergebnisse vorliegen, wenn Vollgeschwister zur Körung kommen, was im Hinblick auf die Forderung von Mindestmast- und Schlachtleistungen für die Körung notwendig erscheint. Die mehr als dreijährigen Erfahrungen faßte SCHMIDT so zusammen, daß es bei einem Mastendgewicht von 100 kg genauso gut möglich ist, den Züchtern und Zuchtverbänden einwandfreie und vergleichbare Unterlagen für die Selektion zur Verfügung zu stellen, wie früher bei 110 kg.
Aber auch im internationalen Maßstab wäre es aussichtsreich, wenn durch eine Reduzierung des Prüfungsendgewichtes in einigen Ländern eine weitgehende Angleichung des Mastprüfungsabschnittes in den Nachkommenprüfungsanstalten erreicht werden könnte, wodurch auch ein Vergleich der Schlachtmerkmale von Schweinen zwischen den verschiedenen Ländern ohne Heranziehung von Korrekturwerten ermöglicht werden könnte.

Eigene Untersuchungen

An Hand der in den Jahren 1956—1962 in der Einzelmastprüfanstalt Knau gesammelten Prüfungsergebnisse wurde versucht, Zusammenhänge zwischen den Masttagen bzw. dem Futteraufwand in einzelnen Gewichtsabschnitten und denselben Kriterien im Gesamtprüfungsabschnitt zu finden. Das rassenmäßig in Deutsches veredeltes Landschwein, Deutsches weißes Edelschwein und Deutsches Sattelschwein getrennte Material wurde zunächst in die einzelnen 10-kg-Gewichtsabschnitte aufgegliedert und davon Masttage und Futteraufwand berechnet. In anschließend durchgeführten statistischen Auswertungen konnten die korrelativen Zusammenhänge zwischen der Mastleistung in den Einzelabschnitten und der im Gesamtabschnitt ermittelt werden.
In Tab. 1 sind die Beziehungen zwischen den Masttagen in den einzelnen Gewichtsabschnitten und im Gesamtprüfungsabschnitt von 40—110 kg wiedergegeben: Trotz der unterschiedlichen Tierzahl, die zur Auswertung bei den einzelnen Rassen zur Verfügung stand, sind die Korrelationen weitgehend einheitlich. Wenn auch nicht eindeutig, so ist doch mit ansteigendem Gewichtsabschnitt eine Erhöhung

Tabelle 1
Beziehungen zwischen der Anzahl der für die einzelnen 10-kg-Gewichtsabschnitte festgestellten Masttage und der im Gesamtprüfungsabschnitt von 40—110 kg bei den verschiedenen Rassen

Rasse	Gewichtsabschnitt kg	Anzahl der Tiere n	Korrelation r	Bestimmtheitsmaß (%) B
DvL	40— 50	521	+ 0,323	10,4
	50— 60	521	+ 0,299	8,9
	60— 70	521	+ 0,448	20,1
	70— 80	521	+ 0,448	20,1
	80— 90	521	+ 0,715	51,1
	90—100	521	+ 0,540	29,2
	100—110	521	+ 0,643	41,3
	90—110	521	+ 0,721	52,0
DwE	40— 50	207	+ 0,444	19,7
	50— 60	207	+ 0,344	11,8
	60— 70	207	+ 0,556	30,9
	70— 80	207	+ 0,500	25,0
	80— 90	207	+ 0,442	19,5
	90—100	207	+ 0,610	37,2
	100—110	207	+ 0,385	14,8
	90—110	207	+ 0,659	43,4
DS	40— 50	130	+ 0,387	15,0
	50— 60	130	+ 0,341	11,6
	60— 70	130	+ 0,447	20,0
	70— 80	130	+ 0,563	31,7
	80— 90	130	+ 0,346	12,0
	90—100	130	+ 0,524	27,5
	100—110	130	+ 0,527	27,8
	90—110	130	+ 0,665	44,2

Anmerkung: Alle Korrelationskoeffizienten sind mit $P > 0{,}001$ hoch signifikant.

der Zusammenhänge zwischen den Masttagen in den betreffenden Abschnitten und den im Prüfungsabschnitt von 40—110 kg ermittelten Masttagen festzustellen. Die Gewichtsabschnitte von 40—50 und 50—60 kg wiesen Korrelationswerte von $r = +0{,}3$ bis $+0{,}4$ auf, welche sich auf $r = +0{,}5$ bei 60—70 und 70—80 kg erhöhten. Der Korrelationskoeffizient im Gewichtsabschnitt von 80—90 kg ist zwischen den Rassen sehr unterschiedlich und liegt bei DS und DwE zwischen $r = +0{,}3$ und 0,4, dagegen bei DvL schon über $r = +0{,}7$, was in spezifischen Rasseeigenschaften begründet liegen kann.

Mit einer Ausnahme bei den Edelschweinen stehen die Masttage in den Gewichtsabschnitten 90—100 und 100—110 sowie 90—110 kg mit den Masttagen im Gesamtabschnitt von 40—110 kg in engerem Zusammenhang, als es sich bei den niedrigeren Gewichtsabschnitten abzeichnete. Bei den DvL mit der größten Tierzahl besagt das Bestimmtheitsmaß für die Korrelation im Gewichtsabschnitt 100 bis 110 kg von $r = +0{,}643$, daß 41% der zahlenmäßigen Veränderung der Gesamt-

masttage im Prüfungsabschnitt auch eine Verschiebung in den Masttagen dieses Abschnittes zur Folge hat.
Für den Gewichtsabschnitt von 90—110 kg liegen die Korrelationen einheitlich bei allen Rassen über r = + 0,65, wobei erneut die DvL die engsten Zusammenhänge erkennen lassen, was vielleicht mit in dem bei dieser Rasse geprüften zahlenmäßig größeren Material begründet sein kann.
Neben den Masttagen wurde auch der Futteraufwand je 1 kg Zuwachs in den verschiedenen Gewichtsabschnitten in Beziehung zu dem im Gesamtabschnitt von 40—110 kg untersucht. Die Ergebnisse sind in Tab. 2 angeführt:

Tabelle 2

Beziehungen zwischen der Futterverwertung in den einzelnen 10-kg-Gewichtsabschnitten und der im Gesamtprüfungsabschnitt von 40 bis 110 kg bei den verschiedenen Rassen

Rasse	Gewichts-abschnitt kg	Anzahl der Tiere n	Korrelation r	Bestimmtheits-maß (%) B
DvL	40— 50	521	+ 0,346	12,0
	50— 60	521	+ 0,338	11,4
	60— 70	521	+ 0,336	11,3
	70— 80	521	+ 0,317	10,0
	80— 90	521	+ 0,410	16,8
	90—100	521	+ 0,412	17,0
	100—110	521	+ 0,607	36,8
	90—110	521	+ 0,690	47,6
DwE	40— 50	207	+ 0,336	11,3
	50— 60	207	+ 0,287	8,2
	60— 70	207	+ 0,382	14,6
	70— 80	207	+ 0,277	7,7
	80— 90	207	+ 0,445	19,8
	90—100	207	+ 0,361	13,0
	100—110	207	+ 0,345	11,9
	90—110	207	+ 0,362	13,1
DS	40— 50	130	+ 0,479	22,9
	50— 60	130	+ 0,266*	7,1
			P > 0,01	
	60— 70	130	+ 0,308	9,5
	70— 80	130	+ 0,327	10,7
	80— 90	130	+ 0,338	11,4
	90—100	130	+ 0,455	20,7
	100—110	130	+ 0,443	19,6
	90—110	130	+ 0,694	48,2

Anmerkung: Alle (außer*) Korrelationskoeffizienten sind mit P > 0,001 hoch signifikant.

Gegenüber den Masttagen sind hier die Korrelationen beim Futteraufwand zwischen r = 0,3 und 0,4 sehr einheitlich gelagert, was bei den DwE im gesamten Bereich, bei den DS bis zum Abschnitt von 110 kg und bei den DvL bis zum Gewichtsabschnitt von 100 kg zum Ausdruck kommt. Der Gewichtsabschnitt von

100—110 kg bei den DvL steht auch bezüglich Futteraufwand — ähnlich wie bei den Masttagen — mit den Werten des Gesamtabschnittes in engem Zusammenhang. Die Korrelation im Gewichtsabschnitt von 90—110 kg ist bei DvL und DS mit r = + 0,69 auf gleicher Höhe, sie ragt jedoch bei den DwE nicht besonders heraus.

Bei der weiteren Untersuchung dieser Frage wurden nicht mehr die Leistungen in den einzelnen 10-kg-Gewichtsabschnitten, sondern die im Prüfungsbereich von 40—60, 40—70, 40—80 kg usw. den Resultaten im Gesamtabschnitt von 40—110 kg korrelativ gegenübergestellt.

Die Tab. 3 läßt die korrelativen Zusammenhänge der Mastdauer in den untersuchten Gewichtsabschnitten zum Gesamtprüfungsabschnitt von 40—110 kg erkennen.

Tabelle 3

Beziehungen zwischen der Anzahl der für die auflaufenden Gewichtsabschnitte festgestellten Masttage und der Masttage im Gesamtprüfungsabschnitt von 40—110 kg bei den verschiedenen Rassen

Rasse	Gewichtsabschnitt kg	Anzahl der Tiere n	Korrelation r	Bestimmtheitsmaß (%) B
DvL	40— 50	521	+ 0,323	10,4
	40— 60	521	+ 0,431	15,6
	40— 70	521	+ 0,562	31,6
	40— 80	521	+ 0,690	47,6
	40— 90	521	+ 0,765	58,5
	40—100	521	+ 0,848	71,9
DwE	40— 50	207	+ 0,444	19,7
	40— 60	207	+ 0,537	28,8
	40— 70	207	+ 0,656	43,0
	40— 80	207	+ 0,762	58,1
	40— 90	207	+ 0,902	81,4
	40—100	207	+ 0,916	83,9
DS	40— 50	130	+ 0,387	15,0
	40— 60	130	+ 0,531	28,2
	40— 70	130	+ 0,712	50,7
	40— 80	130	+ 0,777	60,4
	40— 90	130	+ 0,747	55,8
	40—100	130	+ 0,942	88,7

Anmerkung: Alle Korrelationskoeffizienten sind mit P > 0,001 hoch signifikant.

Ähnlich liegen die Korrelationswerte zwischen dem Futteraufwand in den einzelnen Gewichtsabschnitten und den im Gesamtabschnitt von 40—110 kg, wie die Tab. 4 ergibt.

Wie zu erwarten, erhöhen sich mit zunehmendem Prüfungszeitraum auch die Korrelationswerte, welche die Beziehungen zwischen der Mastdauer bzw. des Futteraufwandes im betreffenden Gewichtsabschnitt und dem Gesamtprüfungsab-

Tabelle 4
Beziehungen zwischen der Futterverwertung in den auflaufenden Gewichtsabschnitten und der im Gesamtprüfungsabschnitt von 40–110 kg bei den verschiedenen Rassen

Rasse	Gewichts-abschnitt kg	Anzahl der Tiere n	Korrelation r	Bestimmtheits-maß (%) B
DvL	40– 50	521	+ 0,346	12,0
	40– 60	521	+ 0,521	27,1
	40– 70	521	+ 0,607	30,8
	40– 80	521	+ 0,661	43,7
	40– 90	521	+ 0,765	58,5
	40–100	521	+ 0,866	75,0
DwE	40– 50	207	+ 0,336	11,3
	40– 60	207	+ 0,487	23,7
	40– 70	207	+ 0,570	32,5
	40– 80	207	+ 0,647	41,9
	40– 90	207	+ 0,838	70,2
	40–100	207	+ 0,881	77,6
DS	40– 50	130	+ 0,479	22,9
	40– 60	130	+ 0,534	28,5
	40– 70	130	+ 0,679	46,1
	40– 80	130	+ 0,642	41,2
	40– 90	130	+ 0,546	29,8
	40–100	130	+ 0,865	74,8

Anmerkung: Alle Korrelationskoeffizienten sind mit $P > 0{,}001$ hoch signifikant.

schnitt von 40–110 kg ausdrücken. Mastdauer und Futterverbrauch je Erzeugungseinheit sind in der Regel korrespondierende Werte und so auch durch annähernd gleiche Tendenz gekennzeichnet.
Bei Beurteilung der Tab. 3 und 4 zeigen sich aber doch Rassenunterschiede.
Die Edelschweine erreichen sowohl in Mastdauer wie Futteraufwand bereits im Gewichtsabschnitt von 90 kg Korrelationswerte von über + 0,83, d. h., daß sich hier schon bei über 70% des Materials im Gewichtsabschnitt von 40–90 kg die Leistungstendenz wiederspiegelt, die im Gewichtsabschnitt von 40–110 kg registriert wurde. Hinsichtlich der Mastdauer erhöht sich das Bestimmtheitsmaß sogar über 80%.
Bei den Rassen DvL und DS werden demgegenüber erst im Gewichtsabschnitt von 40–100 kg Korrelationswerte von über + 0,84 erreicht. Die Leistungen im Prüfungsabschnitt von 40–110 kg zeigen sich bei diesen beiden Rassen bei über 70% des geprüften Tiermaterials, also auch schon im Prüfungsabschnitt von 40 bis 100 kg.

Besprechung der Ergebnisse

Zur Durchführung dieser Untersuchungen gaben drei Gründe Anlaß, und zwar
1. das Vorliegen von Prüfungsergebnissen bereits bei der Körung der Vollgeschwister,

2. die Erhöhung der Belegungsfolge in den Nachkommenprüfanstalten und
3. die internationale Angleichung der Prüfungsmethode.

Zu 1.

Mit fortschreitendem züchterischen Niveau werden wir uns in der DDR neben den Nachkommenprüfungen auch verstärkt der Eigenleistungsprüfungen — wie sie von Herrn Prof. HOFMANN, Jena, vorgeschlagen wurden — bedienen. Liegen bei der Körung der Vollgeschwister von Nachkommenprüfungstieren von ersteren die Eigenleistungs- und von letzteren die Mast- und Ausschlachtungsergebnisse vor, so können aus der Kombination der beiden Resultate die Körergebnisse auf eine objektivere Grundlage gestellt werden.

Zu 2.

Die Verkürzung des Prüfungsabschnittes von 110 auf 100 kg bedeutet — wie schon einleitend angeführt — eine jährliche Zeiteinsparung von ca. 42 Tagen, wodurch künftig nicht mehr mit 3, sondern mit 3½ Belegungen/Jahr kalkuliert werden könnte. Bei Verkürzung des Prüfungsabschnittes auf 90 kg würden bei voller Auslastung pro Jahr sogar 4 Belegungen in den MPA möglich sein.

Zu 3.

Im Interesse einer internationalen Angleichung der Prüfungsmethode sollten alle Länder ihren Teil dazu beitragen und ihre bisherigen Prüfungsverfahren einer sachlichen und kritischen Untersuchung unterziehen. Das würde auch einer Förderung des internationalen Zuchttieraustausches dienlich sein.
Das für diese Untersuchungen herangezogene Material von ca. 850 Tieren aus den Herdbuchzuchten der thüringischen Bezirke Erfurt, Gera und Suhl, welches in der MPA Knau geprüft wurde, dürfte als repräsentativ für eine Aussage angesehen werden können.
Bei Beurteilung der Möglichkeit einer Verkürzung des Prüfungsabschnittes sollte zwar auch den physiologischen Rasseunterschieden Rechnung getragen werden. In der Deutschen Bundesrepublik z. B. prüfen bereits seit Jahren die MPA Forchheim, Grub, Hohenheim und Schwarzenau die veredelten Landschweine im Gewichtsabschnitt von 30—100 kg, während in allen übrigen MPA noch der bisherige Abschnitt von 40—110 kg beibehalten wurde. Eine Vorverlegung des Prüfungsbeginns in der DDR — ein immer wieder vorgebrachtes Anliegen der Tierzüchter — findet von den Veterinärbehörden keine Zustimmung, weil sämtliche für die MLP vorgesehenen Tiere noch im Stall des Züchters einen ausreichenden Impfschutz erhalten müssen. Diese Tatsache sollte ebenfalls ein Grund für die ernsthafte Erwägung sein, den Prüfungsabschnitt von 40—110 kg auf 40—100 kg zu reduzieren.
Eine rassenmäßige Differenzierung des Endgewichtes wäre jedoch nicht zweckvoll, weil dadurch wieder die Vergleichsmöglichkeit gestört würde. Die Unterschiede bezüglich der Korrelationswerte in den Abschnitten 40—100 kg zum Gesamtprüfungsabschnitt 40—110 kg sind zwischen den 3 Rassen nur gering (Tabelle 3 und 4). Bei Korrelationen von $r = +0{,}85$ und mehr zwischen den

untersuchten Merkmalen in den beiden gegenübergestellten Gewichtsabschnitten ist mit ausreichender Sicherheit die Leistung auch in den um 10 kg verkürzten Prüfungsabschnitt zu erfassen. Die Beziehungen zwischen den Leistungen im Abschnitt von 100—110 kg und den im Gesamtabschnitt von 40—110 kg können naturgemäß nicht die ähnliche Höhe erreichen, sie liegen aber in der Regel mit an der Spitze (Ausnahme DwE) der jeweiligen Skala.

Wägen wir Vor- und Nachteile einer solchen Verkürzung des Prüfungsabschnittes in den staatlichen MPA ab, so sollte auf Grund unserer Ergebnisse sowie in Übereinstimmung mit SCHMIDT und unter Berücksichtigung der Resultate von WÖHLBIER und Mitarbeitern diesem Schritt der Vorrang eingeräumt werden. Auch bei diesem verkürzten Prüfungsabschnitt würden Zuchtleitungen und Züchter noch ausreichend zuverlässige Ergebnisse für ihre züchterische Arbeit erhalten.

Zusammenfassung

An den Ergebnissen von ca. 850 in den Jahren 1956—1962 in der Mastprüfungsanstalt (MPA) Knau in Einzelmast geprüften Schweine wurden in umfangreichen Korrelationsberechnungen die Zusammenhänge bezüglich Mastdauer und Futterverwertung zwischen verschiedenen Gewichtsabschnitten und dem bisherigen Gesamtprüfungsabschnitt von 40—110 kg untersucht.

Dabei ergaben sich folgende Ergebnisse:

1. Mastdauer und Futterverwertung in den verschiedenen 10-kg-Gewichtsabschnitten korrelierten mit der gleichen Position im Gesamtabschnitt von 40 bis 110 kg mit $r = +0{,}3$ bis $+0{,}7$. Die 10-kg-Abschnitte bei höheren Gewichten waren mit dem Gesamtabschnitt in der Regel auch höher korreliert.
2. Wurden Mastdauer und Futterverwertung im Standardabschnitt von 40 bis 110 kg die gleichen Kriterien von z. B. 40—50, 40—60, 40—70 kg usw. gegenübergestellt, so ergaben sich in gleicher Richtung bis zu $r = +0{,}85$ zunehmende Korrelationswerte.
3. Nennenswerte Unterschiede zwischen den drei geprüften Rassen Deutsches veredeltes Landschwein, Deutsches weißes Edelschwein und Deutsches Sattelschwein ergaben sich nicht.
4. Auf Grund dieser nachgewiesenen Zusammenhänge sollte eine Verkürzung des Prüfungsabschnittes in den staatlichen MPA von bisher 40—110 kg auf 40 bis 100 kg ernsthaft in Erwägung gezogen werden.

Резюме

На основе результатов, полученных с 1956 по 1962 гг. на станции контрольного откорма ,,Кнау,, примерно от 850 в условиях индивидуального откорма проверенных свиней в охватывающих корреляционных вычислениях исследовались существующие в отношении продолжительности откорма и оплаты кормов связи между разными весовыми фазами и имеющейся общей контрольной фазой от 40 до 110 кг. При этом получены следующие результаты: 1. Продолжительность откорма и оплата кормов в разных десятикилограммовых весовых фазах коррелированы с той же статьей в общей весовой фазе от

40—110 кг с r = + 0,3 до + 0,7. Десятикилограммовые фазы при более высоких весовых показателях, как правило, были также выше коррелированы с общей фазой. 2. Если продолжительности откорма и оплате кормов в стандартной фазе 40—110 кг были сопоставлены те же самые критерии напр. из фаз 40—50, 40—60, 40—70 кг, то в том же направлении получались возрастающие коэффициенты корреляции до r = + 0,85. 3. Значительных разностей между тремя проверенными породами свиней „Дейчес ферэдельтес Ландшвейн", „Дейчес вейсес Эдельшвейн„ и „Дейчес Заттельшвейн" не были получены. 4. Принимая во внимание установленные взаимосвязи следовало бы серьезно подумать о сокращении контрольного периода на государственных станциях контрольного откорма от 40—110 кг до 40—100 кг.

Summary

The coherences in regard to fattening time and feedstuff utilization between various weight sections and the previous check total of 40—110 kg were investigated by means of comprehensive correlation computations on the basis of results obtained from about 850 pigs tested in single-fattening at the Knau Fattening Test Institute between 1956 and 1962. The following results were achieved: 1. Fattening time and feedstuff utilization in the various 10-kg-weight-sections were found in correlations with the same items in the total section of 40—110 kg with r = + 0.3 to + 0.7. The 10-kg-sections of the higher weights were generally found in higher correlations with the total section. 2. Rising correlation values in the same direction up to r = + 0.85 were found when the fattening time and feedstuff utilization in the standard section of 40—110 kg were compared with the same criterions of 40—50, 40—60, 40—70 kg, etc. 3. No remarkable distinctions were found between the three tested races "Deutsches veredeltes Landschwein", "Deutsches weißes Edelschwein", and "Deutsches Sattelschwein". 4. Based on these evident coherences a reduction of the test section from 40—110 kg to 40 to 100 kg should seriously be considered for the State Institutes of Fattening Tests.

Literaturverzeichnis

[1] Schmidt, L.: Das Schwein und sein Gewicht. Jahresbericht 1962 der Bayerischen Landesanstalt für Tierzucht Grub

[2] Wöhlbier, W., H. Friesecke, u. M. Kirchgessner: Über die frühzeitige Beurteilung einiger Masteigenschaften wachsender Schweine. Züchtungskde. 1961, **33**, 488

Aus dem Institut für Tierzucht und Milchwirtschaft der Karl-Marx-Universität Leipzig
(Direktor: Prof. Dr. OTTO LIEBENBERG)

OTTO LIEBENBERG und HORST GÖHLER

Ein Beitrag zur Nachkommenschaftsprüfung bei Merinofleischschafen

Eingegangen: 10. 3. 1964

Über die Fragen der Nachkommenschaftsprüfung bei Merinofleischschafen liegen bereits einige Arbeiten und Versuchsergebnisse vor. Insbesondere wurden in den Instituten Dummerstorf [1] und Halle in mehrjährigen Untersuchungen wissenschaftliche Grundlagen dazu erarbeitet. In der Praxis sollten, wie es in einer Empfehlung zur Durchführung von Nachkommenschaftsprüfungen auf Futterverwertung in der Schafzucht heißt, an einem größeren Material diese Untersuchungsergebnisse überprüft und erhärtet werden. Nachstehend soll ebenfalls ein Beitrag dazu geleistet werden.

In Westdeutschland [3] finden Nachkommenschaftsprüfungen bei Schafen ausschließlich auf Mast- und Schlachtleistung statt. Es geht um die Ermittlung der Mastfähigkeit und Schlachtqualität als der wichtigsten Nutzungsrichtung. Es wird vorwiegend eine Mast von Sauglämmern bei Stall- oder Weidegang oder eine Mast abgesetzter Lämmer mit oder ohne Weidegang betrieben. Daher werden die zur Prüfung bestimmten Nachkommen im Alter von etwa 6—8 Wochen abgesetzt, im Gewichtsabschnitt von 18—38 kg gemästet und anschließend ausgeschlachtet.

Ganz anders liegen die Verhältnisse in der Deutschen Demokratischen Republik. Hier steht die Wollnutzung im Vordergrund, um den Bedarf an Rohwolle aus eigenem Aufkommen schneller und besser zu decken. Dabei halten wir aber, wie es das Zuchtziel für Merinofleischschafe vorschreibt, an der Kombination von Wolle und Fleischleistung fest, um eben auch die wertvollen Eigenschaften, wie Frühreife, beste Futterverwertung und ansprechendes Muskelbildungsvermögen, nicht zu vernachlässigen. Um Tiere mit guten konsolidierten Woll- und Fleischleistungen bei bester Futterverwertung zu erzüchten, die eine sichere Vererbungstendenz aufweisen, ist es wichtig, sie auf ihren Erbwert zu prüfen. Dies erfolgt am sichersten durch die Testung der Nachzucht. Nachkommenschaftsprüfungen bei Merinofleischschafen sind nur dann für die Zuchtwahl sinnvoll, wenn sie beide Nutzungsrichtungen berücksichtigen. Eine einseitige Wollnutzung würde den Verzicht auf Frühreife und günstige Futterverwertung vor allem hinsichtlich der Nutzung des unbedingten Schaffutters bedeuten. Mit der Prüfung der Schlachtleistung sind die Fragen der Qualitätsfleischerzeugung zu erfassen, da letztlich durch züchterische Maßnahmen der Verbrauch bei den Konsumenten wesentlich beeinflußt wird.

1. Versuchsmaterial und Methodik

Das für die Untersuchung vorgesehene Tiermaterial stammt aus der im Vorkörregister geführten Merinofleischschafherde unserer Versuchsstation. Aus der Sommerlammung 1962 sind von den drei in der Herde deckenden Stammböcken jeweils 8 männliche Nachkommen in Prüfung genommen worden, um sie zu testen. Es handelt sich dabei um die Stammböcke:

507/58 Friedeburg –

ein großrahmiger, langer Bock mit fester Oberlinie und edler AB-Wolle bei guter Masse und Länge, jedoch geringem Oberarmbesatz.

536/59 Canitz –

ein Sohn des bekannten Vererbers 604/51, ein im mittleren Rahmen stehender Bock mit fester Oberlinie und guter Innenkeule, in den Vordergliedmaßen leichte X-Beinigkeit. Der Bock hat eine dichte, wenig kräftige, feine A/AB-Wolle, Halsfalte, guten Besatz am Oberarm, aber mangelhaften Bauchbesatz.

532^{III}/60 Canitz –

mütterlicherseits auf den bereits genannten 604/51 zurückgehend. Ein im mittleren Rahmen stehender, gut bemuskelter Bock mit verstellter Fessel in den Vordergliedmaßen. Der Bock zeichnet sich durch eine kräftige AB/B-Wolle mit gutem Oberarm- und Bauchbesatz sowie Halsfalten aus und hat ein sehr dichtes Vlies.

Zwischen dem Friedeburger Bock und den Canitzer Böcken bestehen beachtliche Unterschiede im Körperbautyp und den Wolleigenschaften. Durch diese absichtlich bei der Auswahl bedingten Typunterschiede sollen die möglichen Schwankungen der Extreme bezüglich der verschiedenen Leistungseigenschaften besser erfaßt werden.

Die 8 Nachkommen eines Bockes wurden nicht durch Selektion ermittelt, sondern zur Erfassung kamen alle männlichen Lämmer, die in einem bestimmten Geburtszeitraum nacheinander geboren wurden. Zwillingslämmer sollten nach Möglichkeit nicht für den Versuch ausgewählt werden, um das Ausgangsmaterial möglichst einheitlich zu gestalten. Bei den Gruppen 507- und 536-Nachkommen mußten Zwillingslämmer aus Mangel an Einlingslämmern eingesetzt werden. Die Tiere wurden wie folgt in Gruppen zusammengestellt:

Gruppe 1: Nachkommen des Bockes 507/58 Friedeburg
Gruppe 2: Nachommen des Bockes 536/59 Canitz
Gruppe 3: Nachkommen des Bockes 532^{III}/60 Canitz

Die Prüfungsmethodik konnte aus einigen organisatorischen Gründen nicht gemäß der „Empfehlung zur Durchführung von Nachkommenschaftsprüfungen auf Futterverwertung in der Schafzucht" angewendet werden.

Es wurden für die Testung der Nachkommenschaften Bocklämmer benutzt, da sie ein intensiveres Körperwachstum besitzen und demzufolge auch größere Unter-

schiede im Körperwachstum und der Wolleistung aufweisen als Hammellämmer. Die Prüfung begann nach dem Absetzen der Lämmer im Alter von etwa 4 Monaten. Die Lämmer wurden unmittelbar vor Prüfungsbeginn geschoren. Es erfolgte Gruppenfütterung und -haltung. Das Futter wurde täglich zweimal jeder Gruppe zugewogen. Tränkwasser und Lecksalz standen zur beliebigen Aufnahme zur Verfügung. Trockenschnitzel wurden angefeuchtet im Gewichtsverhältnis Wasser : Trockenschnitzel = 1 : 1 verabreicht. Von den einzelnen Futtermitteln kamen monatlich Proben in das chemische Labor des Instituts zur Nährstoffanalyse, die der Berechnung der Nährstoffaufnahme zugrunde liegt.
Die Fütterung erfolgte während der Prüfungszeit nach folgendem Schema:

Versuchswoche	Kraftfutter g/Tier/Tag	Trockengrünfutter g/Tier/Tag	Trockenschnitzel g/Tier/Tag
1.–20.	700	200	300
21.–27.	700	200	400
28.–Ende	800	300	400

Zusammensetzung der Kraftfuttermischung:

Hafer	50%	Lupinenschrot	7%
Gerste	22%	Sojaschrot	14%
Weizenkleie	7%		

Das Trockengrünfutter bestand aus einem Gemisch anteilmäßiger Komponenten von Luzerne, Klee und Zuckerrübenblatt.
Während der Versuchszeit wurde den Tieren Heu beliebig bis zu einer Tageshöchstmenge von 1 kg je Tier verabreicht.
Die Feststellung des Lebendgewichtes erfolgte während der Versuchszeit in Abständen von 10 Tagen. Anfangs- und Endgewichte wurden jeweils durch Wägungen an drei aufeinanderfolgenden Tagen ermittelt.
Die Schlachtung der Gruppe fand statt, nachdem sie einen Durchschnitt von 78 kg Lebendgewicht erreicht hatte, um auf ein durchschnittliches Schlachthofgewicht von 75 kg zu kommen.

2. Körperwachstum und -entwicklung der Nachkommengruppen

Die Werte der Tabelle 1 veranschaulichen in der graphischen Darstellung (Abb. 1) recht gut die Entwicklung der einzelnen Körpermaße. Die zu Beginn des Versuches bestehenden Unterschiede bei einzelnen Körpermaßen zwischen den Gruppen bleiben auch bis Versuchsende erhalten (z.B. Vorderbrustbreite, Röhrbeinstärke). Meist zeigt sich aber, daß die Tiere bei einheitlicher intensiver Fütterung ihrer erblichen Veranlagung folgen und demzufolge auch ein unterschiedliches Körperwachstum aufweisen. Unterschiede zwischen den 3 Nachkommengruppen hinsichtlich der Körperentwicklung sind vorhanden, aber keinesfalls so bedeutend, um sie etwa statistisch sichern zu können. Aus den ermittelten Maßen lassen sich die Typunterschiede der Väter nicht genau erkennen. Es ist allenfalls eine Tendenz vorhanden.

Tabelle 1
Entwicklung der Körpermaße

Maße in cm	Gruppe 1 Versuchs-		Gruppe 2 Versuchs-		Gruppe 3 Versuchs-	
	beginn	ende	beginn	ende	beginn	ende
Widerristhöhe	58,9	73,4	56,6	72,5	59,2	71,8
Rumpflänge	56,5	75,3	57,1	75,5	58,1	73,4
Vorderbrustbreite	16,8	25,8	18,6	27,2	18,6	27,1
Brusttiefe	23,8	34,5	24,8	35,1	25,4	34,2
Umdreherbreite	17,4	29,4	19,6	31,9	19,6	29,9
Röhrbeinstärke	7,4	8,9	7,9	9,8	7,7	9,9
Kopflänge	17,4	24,0	17,2	22,6	17,8	23,6
Stirnenge	11,4	13,0	11,3	13,1	11,6	13,0

Die 3 Nachkommengruppen sind bei Versuchsende wie folgt zu charakterisieren:

Gruppe 1:

großrahmige Tiere (höhere Widerristhöhe und Rumpflänge), große Köpfe, schmal in der Vorhand, geringe Röhrbeinstärke, Einzelmaße innerhalb der Gruppe von den 3 Gruppen am ausgeglichensten.

Gruppe 2:

große und lange Tiere mit guter Brusttiefe und Vorderbrustbreite, in der Hinterhand genügend breit, große Röhrbeinstärke, in Größe und Länge innerhalb der Gruppe sehr unausgeglichen.

Gruppe 3:

zwischen Gruppe 1 und 2 liegend, gute Brustbreite, aber keine genügende -tiefe, größte Röhrbeinstärke, in Breiten- und Tiefenmaßen innerhalb der Gruppe sehr unausgeglichen.

Über die Entwicklung der Körpermaße gibt Tab. 2 Auskunft.

Hinsichtlich des Lebendgewichtszuwachses gibt es zwischen den Gruppen keine gesicherten Unterschiede.

Die Gruppe 1 mit den großrahmigen Tieren weist den höchsten Lebendgewichtszuwachs auf. Das ist nicht verwunderlich, denn großrahmige Tiere bilden mehr Körpersubstanz und können mehr Körpermasse ansetzen als mittelrahmige Tiere. Die Gruppe 1 besitzt jedoch das geringste Geburtsgewicht, hat bei Versuchsbeginn das niedrigste Körpergewicht und ergibt trotz der höchsten durchschnittlichen täglichen Zunahme während der Versuchsdauer die niedrigste durchschnittliche Lebendtagzunahme. Die Ursache dafür liegt in dem geringen Geburtsgewicht und der langsamen Entwicklung während der Säugezeit begründet.

Aus der Abbildung 2 wird nochmals deutlich ersichtlich, daß sich bei der Gruppe mit dem geringsten Anfangsgewicht im Laufe der Entwicklung die Differenz des Körpergewichtes zur Gruppe mit dem höchsten Körpergewicht zum 130. Versuchstag immer weiter verringert hat. Von diesem Zeitpunkt an bleibt die Differenz zwischen den Gruppen etwa gleich und vergrößert sich erst wieder bei einem durchschnittlichen Körpergewicht von 73—76 kg.

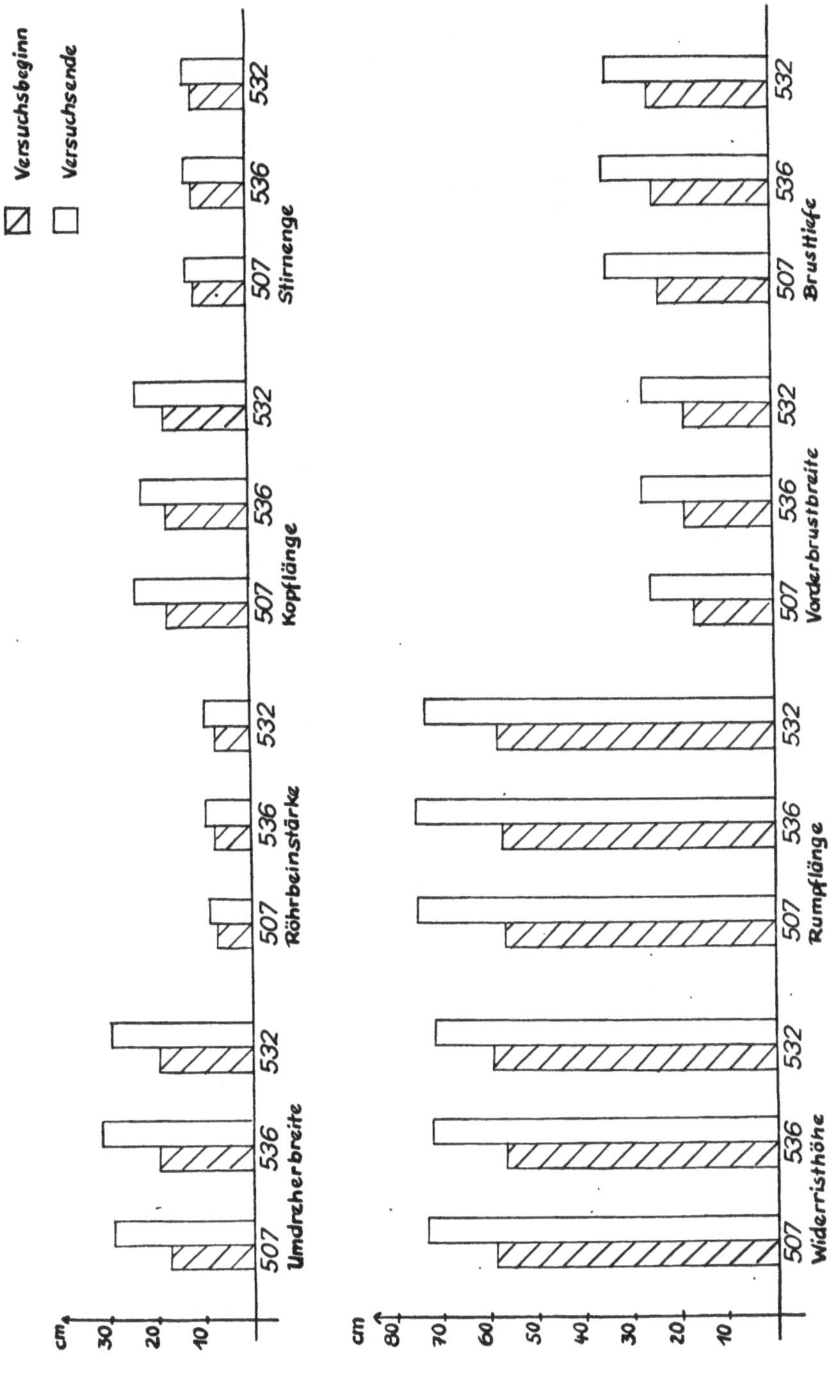

Abb. 1: Entwicklung der Körpermaße

Tabelle 2
Entwicklung der Körpergewichte und tägliche Zunahme

Körpergewicht (kg)	Gruppe 1		Gruppe 2		Gruppe 3	
	Gruppe insgesamt	Durchschnitt je Einzeltier	Gruppe insgesamt	Durchschnitt je Einzeltier	Gruppe insgesamt	Durchschnitt je Einzeltier
Geburtsgewicht	37,6	4,7	40,9	5,1	43,3	5,4
Körpergewicht bei Versuchsbeginn	241,6	30,8	277,4	34,7	284,6	35,6
Körpergewicht bei Versuchsende	633,0	79,1	625,0	78,1	625,0	78,1
Lebendgewichtszuwachs während Versuchsdauer	391,4	48,3	347,6	43,4	340,4	42,5
Lebendgewichtszuwachs Geburt bis Versuchsende	595,4	74,4	584,1	73,0	581,7	72,7
Versuchsdauer (Tage)	269	15. 12.—9. 9. 63	262		253,5	(15. 12. bis
Lebensalter (Tage)	401			(15. 12.—2. 9.)		24./25. 8.)
durchschnittliche tägl. Zunahme			393		383,5	
während der Versuchsdauer in g	1455	179,5	1327	165,8	1343	167,8
durchschnittliche Lebendtagzunahme in g		185,5		188,3		189,5

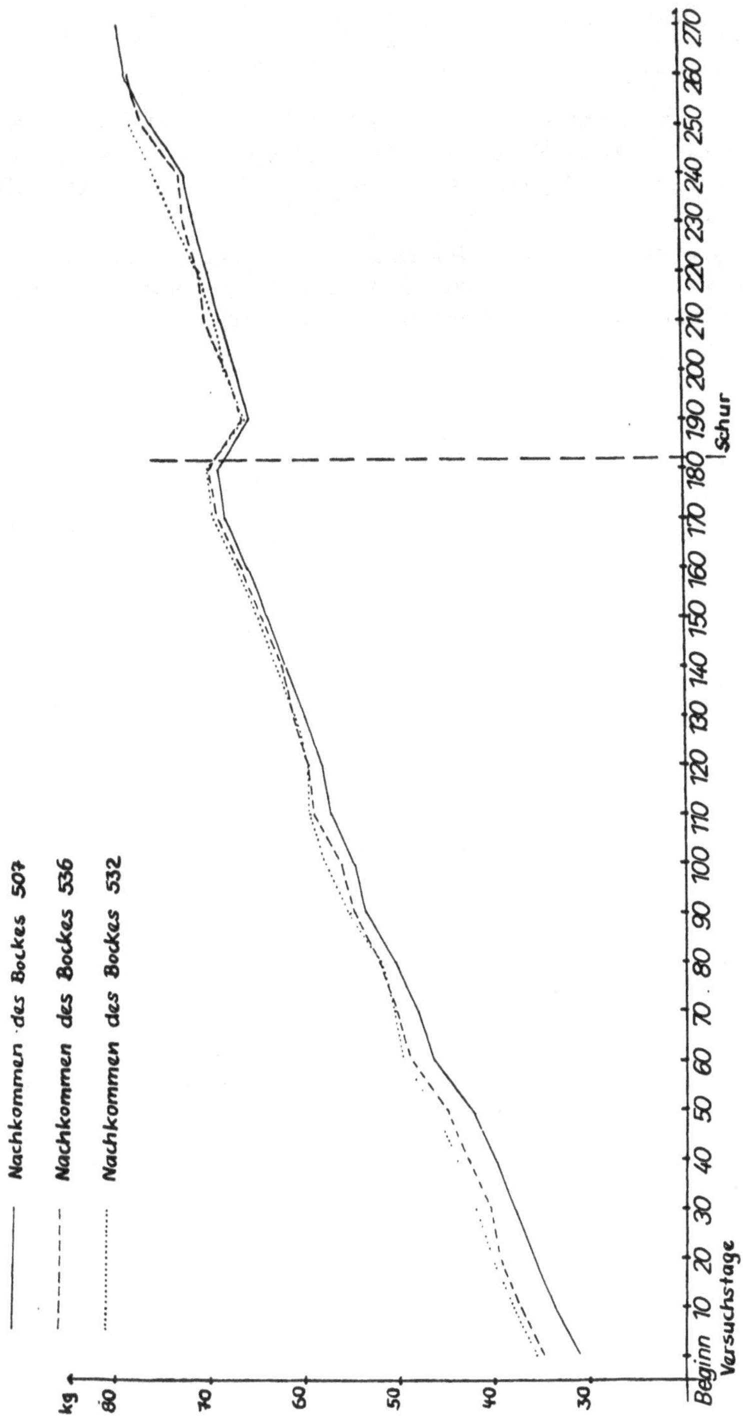

Abb. 2: Körpergewichtsentwicklung während des Versuchszeitraumes

3. Wolleistung der Nachkommengruppen

3.1. Wollertrag

Wie schon erwähnt, wurden die Tiere unmittelbar vor Versuchsbeginn geschoren. Nach 185 Tagen Wollwachstum erfolgte erneut die Schur. Jedes Vlies ist im chemischen Labor des Institutes labormäßig gewaschen und der Reinwollertrag ermittelt worden.

Die Ergebnisse der Wollertragsfeststellung lassen eine große individuelle Variation erkennen. Demzufolge ist auch eine Sicherung der Gruppenmittel statistisch nicht möglich. Signifikanz besteht bezüglich der Stapeltiefe zwischen Gruppe 1 und 3 ($P < 1\%$).

Tabelle 3
Wollerträge
Prüfungszeitraum: 15. 12. 62 bis 17. 6. 63. 185 Tage Wollwachstum

Gruppe	Rohwollertrag kg	Stapeltiefe mm	Reinwollertrag* (labormäßige Waschung) kg
1	3,21	50,4 ± 1,390	3,42 ± 0,167
	(2,4 – 3,7)	(45,7 – 55,3)	(2,75 – 4,18)
2	3,18	46,7 ± 1,658	3,09 ± 0,141
	(2,7 – 3,7)	(42,3 – 56,0)	(2,53 – 3,61)
3	3,43	44,3 ± 1,297	3,50 ± 0,169
	(2,7 – 4,0)	(38,7 – 49,7)	(2,71 – 4,36)

* auf 365 Tage Wollwachstum berechnet.
Die Zahlen in den Klammern geben die Variationsbreite an.

3.2. Wollfeinheit

Die Feinheitsmessungen sind mit dem Lanameter nach der üblichen Methode (300 Messungen/Tier) im Labor des Instituts vorgenommen worden.

Tabelle 4
Wollfeinheit der einzelnen Gruppen und ihre Beziehung zwischen 1. und 2. Schur (Prüfungsschur)

Gruppe	1. Schur (14. 12. 62) μm	2. Schur (17. 6. 63) μm	Sicherung der Differenz 1. und 2. Schur
1	21,72 ± 0,09	27,36 ± 0,12	+++
	(20,93 – 22,83)	(22,49 – 30,64)	
2	22,71 ± 0,10	27,71 ± 0,13	+++
	(21,43 – 23,80)	(25,73 – 30,31)	
3	21,02 ± 0,09	26,04 ± 0,11	+++
	(18,77 – 23,85)	(23,93 – 28,53)	

Sicherung der Mittelwerte:

1. Schur:	Gruppe 1 : Gruppe 2	P = 0,1%
	Gruppe 1 : Gruppe 3	P = 0,1%
	Gruppe 2 : Gruppe 3	P = 0,1%
2. Schur:	Gruppe 1 : Gruppe 2	P = 5 %
	Gruppe 1 : Gruppe 3	P = 0,1%
	Gruppe 2 : Gruppe 3	P = 0,1%

Die Tabelle 4 zeigt eine Gegenüberstellung der Wollfeinheit von erster und zweiter Schur. Während bei der ersten Schur die Wolle im Sortiment AAA—AA liegt, wird sie entsprechend gröber und entspricht bei der zweiten Schur mit dem Sortiment AB durchaus bei allen Gruppen dem Zuchtziel. Bei allen Gruppen bestehen zwischen den beiden Wollschuren signifikante Unterschiede. Es ist eine Verlagerung von 2—3 Feinheitsklassen bezüglich 1. und 2. Schur festzustellen.

Tabelle 5

Wollfeinheit der 2. Schur (Prüfungsschur) — ihre Beziehung zwischen Einzeltier- und Gruppendurchschnitt

Gruppendurchschnitt in μm	Tier-Nr.	Einzeltier-durchschnitt in μm	Signifikanz zum Gruppen-durchschnitt
Gruppe 1:			
27,36 ± 0,12	816	22,49 ± 0,23	+++
	932 II	26,60 ± 0,25	++
	815 II	24,57 ± 0,28	+++
	930	29,75 ± 0,45	+++
	915	30,36 ± 0,27	+++
	817	30,64 ± 0,35	+++
	623	25,94 ± 0,20	+++
	031	28,15 ± 0,25	++
Gruppe 2:			
27,71 ± 0,13	919	29,87 ± 0,47	+++
	039 II	26,13 ± 0,23	+++
	910	28,45 ± 0,36	—
	820	26,66 ± 0,29	++
	927	28,20 ± 0,28	—
	921	27,08 ± 0,26	+
	842	25,73 ± 0,29	+++
	841	30,31 ± 0,48	+++
Gruppe 3:			
26,04 ± 0,11	923	23,93 ± 0,26	+++
	626	24,70 ± 0,25	+++
	642	24,92 ± 0,32	++
	937	28,53 ± 0,28	+++
	717	26,88 ± 0,32	+
	922	24,58 ± 0,24	+++
	935	27,74 ± 0,34	+++
	834	27,61 ± 0,31	+++

Tabelle 6
Festigkeitsuntersuchungen an Wollhaaren

Tier-Nr.	Dehnung mm	Zug- oder Zerreißfestigkeit Bruchbelastung in p*
Gruppe 1		
816	4,80 ± 0,16	9,86 (49,31)**
932 II	5,70 ± 0,15	11,55 (57,76)
815 II	5,35 ± 0,16	10,50 (52,48)
930	5,95 ± 0,13	12,73 (63,66)
915	5,64 ± 0,18	11,42 (57,11)
817	5,75 ± 0,18	11,74 (58,70)
623	5,86 ± 0,14	11,80 (58,98)
031	4,88 ± 0,13	8,56 (42,80)
Durchschnitt	5,51 ± 0,06 mm	11,02 ± 0,74)
Belastung in % des Gewichtes		55,10
Variationskoeffizient %	22,68	28,23
Gruppe 2		
919	5,17 ± 0,19	10,17 (50,83)**
039 II	5,18 ± 0,17	10,31 (51,55)
910	5,24 ± 0,14	10,23 (51,16)
820	5,54 ± 0,14	11,05 (55,26)
927	5,89 ± 0,13	12,08 (60,41)
921	5,26 ± 0,15	9,34 (46,70)
842	5,19 ± 0,14	9,05 (45,26)
841	5,38 ± 0,21	9,28 (46,40)
Durchschnitt	5,37 ± 0,06 mm	10,14 ± 0,72
Belastung in % des Gewichtes		50,72
Variationskoeffizient %	23,46	30,25
Gruppe 3		
923	5,69 ± 0,15	11,63 (58,13)**
626	5,57 ± 0,14	11,14 (55,68)
642	5,54 ± 0,17	11,35 (56,76)
937	5,12 ± 0,10	10,00 (50,02)
717	5,15 ± 0,19	8,97 (44,83)
922	5,65 ± 0,13	11,30 (56,51)
935	5,69 ± 0,17	11,91 (59,53)
834	5,44 ± 0,09	10,82 (54,11)
Durchschnitt	5,48 ± 0,06 mm	10,89 ± 0,70
Belastung in % des Gewichtes		54,45
Variationskoeffizient %	21,59	27,12

* Belastung 20 p 10 mm Einspannlänge
Prüfzustand: trocken.

** Die Zahlen in Klammern geben die Belastung in % des Gewichtes an.

Die Wollfeinheit innerhalb einer Nachkommengruppe ist starken Unterschieden der Einzeltierdurchschnitte ausgesetzt. In der Gruppe 1, die am stärksten schwankt, sind Vertreter mit dem Sortiment AA bis BC vorhanden!

An dem untersuchten Material sind neben Feinheitsmessungen auch physikalische Wolleigenschaften einer Prüfung unterzogen worden, soweit sie durch exakte Meßinstrumente erfaßt werden können. Es interessieren dabei einmal die Dehnung des Wollhaares und zum anderen die Zugfestigkeit der Wolle. Beide Eigenschaften lassen sich mit dem Faserfestigkeitsprüfer F 01 C genau beurteilen. Zur Versuchsmethodik ist noch zu erwähnen, daß von jedem Tier 60 Messungen (20 Messungen jeweils von Schulter, Flanke und Keule) vorgenommen werden. Die Zahl der Messungen ist für die statistische Auswertung voll ausreichend. Es genügt auch, bei der Probenahme der Wollhaare, nur von einer wesentlichen Körperstelle die Messungen durchzuführen.

Die Ergebnisse der Festigkeitsuntersuchung an Wollhaaren sind in der Tab. 6 zusammengestellt.

Die Unterschiede bezüglich der Dehnung zwischen den Gruppen sind nur sehr gering und können nicht gesichert werden. Innerhalb der Gruppen bestehen zum Teil gesicherte Unterschiede.

Zwischen den Gruppen 1 und 2 sowie 2 und 3 bestehen hinsichtlich der Zug- oder Zerreißfestigkeit der Wollhaare hoch signifikante Unterschiede. Zwischen Gruppe 1 und 3 ist keine Signifikanz vorhanden. Innerhalb der Gruppen sind zum größten Teil auch signifikante Unterschiede festzustellen.

Wie aus den Versuchsergebnissen hervorgeht, sind die Wolleigenschaften, wie Dehnbarkeit und Zug- oder Zerreißfestigkeit, bei den einzelnen Nachkommengruppen zwar unterschiedlich und auch statistisch zu sichern, ihre Werte werden sich aber innerhalb der Rasse Merinofleischschafe in engen Grenzen bewegen. Von wesentlicher Bedeutung sind die Festigkeitsuntersuchungen bei einem rasseunterschiedlichen Material.

4. Futterverwertung der Nachkommengruppen

Die höchste Nährstoffaufnahme ist bei der Gruppe 1 zu verzeichnen. Diese Gruppe weist auch die höchsten täglichen Zunahmen auf (vgl. Tab. 2) und steht bezüglich der Futterverwertung an erster Stelle. Dieses Ergebnis entspricht etwa auch den von Hundt [2] gefundenen Berechnungen, daß die Gruppen mit den höchsten Tageszunahmen den niedrigsten Aufwand an Stärkeeinheiten zur Erzeugung von 1 kg Lebendgewicht haben. Die Gruppe 1 hat je 1 kg Körpergewichtszunahme während des Prüfungszeitraumes 7,57% Trockenmasse, 7,97% verdauliches Rohprotein und 10,18% StE weniger verbraucht als die Gruppe 2 mit der schlechtesten Futterverwertung. Aus den Prüfungsergebnissen geht hervor, daß hinsichtlich der Futterverwertung Unterschiede bei den Nachkommen bestehen und eine Auslese auf dieses Merkmal berechtigt ist.

Tabelle 7
Nährstoffaufnahme und Futterverwertung

Futtermittel kg	Gruppe 1	je 1 kg Lebendgewichtszuwachs*	Gruppe 2	je 1 kg Lebendgewichtszuwachs*	Gruppe 3	je 1 kg Lebendgewichtszuwachs*
Hafer	771,10	1,97	749,74	2,16	723,79	2,13
Gerste	330,13	0,84	320,99	0,92	309,89	0,91
Weizenkleie	110,24	0,28	107,19	0,31	103,47	0,30
Lupinenschrot	110,24	0,28	107,19	0,31	103,47	0,30
Sojaschrot	220,48	0,56	214,36	0,62	206,94	0,61
Trockenschnitzel	770,61	1,97	746,13	2,15	716,44	2,10
Trockengrünfutter						
Luzerne	128,67	0,33	128,72	0,37	128,72	0,38
Klee	67,72	0,17	62,12	0,18	55,32	0,16
Troblako	297,91	0,76	286,76	0,82	273,16	0,80
Heu	1659,20	4,24	1569,20	4,51	1547,90	4,55

	Gruppe 1 insg.	Gruppendurchschnitt pro Tag	Gruppe 2 insg.	Gruppendurchschnitt pro Tag	Gruppe 3 insg.	Gruppendurchschnitt pro Tag
Trockenmasse kg	3726,17	13,85	3580,44	13,66	3472,20	13,70
verd. Rohprotein kg	365,247	1,36	352,549	1,35	341,568	1,35
kStE	2031,98	7,55	2009,17	7,67	1895,45	7,48
Nährstoffverbrauch je 1 kg Lebendgewichtszuwachs einschließlich Wolle:						
Trockenmasse kg	9,520		10,300		10,200	
verd. Rohprotein kg	0,933		1,014		1,003	
kStE	5,192		5,780		5,568	

* einschließlich Wolle

5. Schlachtleistung der Nachkommengruppen

5.1. Lebendbeurteilung

Die Lebendbeurteilung ist stets mit bestimmten Mängeln behaftet, weil sie eine rein subjektive Beurtilueng darstellt. Trotzdem ist sie bei unserem Versuch angewandt worden, um eventuelle Typunterschiede zwischen den Nachkommengruppen herauszufinden. Die zwischen den Gruppen bestehenden Unterschiede in der Punktzahl sind jedoch nicht so groß, daß man sie als Typunterschiede ansprechen könnte.

5.2. Gewicht und Zerlegung des Schlachtkörpers

Tab. 9 läßt erkennen, daß die Meßwerte der drei Gruppen dicht beieinander liegen. Die Schlachtkörperlänge ist bei Gruppe 1 und die Rückenlänge bei Gruppe 2 1 cm

Tabelle 8
Lebendbeurteilung nach dem DLG-Schema

	Höchst-punktzahl	Gruppe 1	Gruppe 2	Gruppe 3
Brust und Schulter, Kamm	3	2,2	2,4	2,1
Rücken und Lende	4	3,0	3,1	3,0
Keule	4	2,9	2,8	2,6
Mästungsgrad	4	2,9	3,1	2,9
Punkte insgesamt	15	11,0	11,4	10,6

Tabelle 9
Messungen an der ausgekühlten Schlachthälfte

		Gruppe 1	Gruppe 2	Gruppe 3	
Schlachtkörperlänge	cm	88,4	87,5	87,2	
Rückenlänge	cm	43,8	44,8	43,3	
Brusttiefe	cm	33,5	34,1	33,9	
Brustbreite	cm	7,2	7,0	7,2	
Querschnitt des *musculus longissimus dorsi*	cm²	12,64	12,53	12,35	Sicherung der Differenz nicht möglich
und *musculus psoas*	cm²	18,34	20,35	21,10	

länger gegenüber den anderen Gruppen. Brusttiefe und Brustbreite ergeben kaum Unterschiede zwischen den Gruppen. Gruppenunterschiede sind auch bei der Stärke des Rücken- und Lendenmuskels nicht erheblich und ergeben keine Signifikanz. Bei der Gewichtsfeststellung der Schlachttiere bzw. Schlachtkörper gibt es keine signifikanten Unterschiede. Lebendgewicht, Schlachthofgewicht, Warm- und Kaltgewicht variieren zwischen den Gruppen höchstens um 1 kg und sind sonst recht einheitlich. An den Werten der Zweihälftenausbeute läßt sich jedoch erkennen, daß die Gruppe mit der besten Futterverwertung durchaus nicht die beste Zweihälftenausbeute liefert. Die Tendenz von guter Zweihälftenausbeute und bester Futterverwertung ist bei unserem Versuch gegenläufig.

Im Gegensatz zu den Schlachtleistungen beim Rind bestehen beim Schaf bezüglich der Teilstückgewicht wahrscheinlich größere Unterschiede zwischen einzelnen Nach-

Tabelle 10
Gewicht der Schlachttiere bzw. Schlachtkörper

		Gruppe 1	Gruppe 2	Gruppe 3
Lebendgewicht	kg	79,1	78,1	78,1
Schlachthofgewicht	kg	75,1	74,9	74,7
Warmgewicht	kg	39,7	40,7	39,7
Kaltgewicht	kg	39,0	40,1	39,0
Nüchterungsverlust	kg	4,0	3,2	3,4
Schlachtverlust	%	48,1	46,5	47,8
Kühlverlust	%	1,8	1,4	1,8
Zweihälftengesamtausbeute	%	51,9	53,5	52,2

kommengruppen. Bei unserem Versuch zeigten sich, wenn auch nicht bei allen Teilstücken, signifikante Unterschiede der Schlachtkörperteilstücke.

Tabelle 11
Ergebnisse der Zerlegung der rechten Schlachthälfte in kg

	Gruppe 1	Gruppe 2	Gruppe 3
Hals	1,457	1,582	1,636
Kamm	1,199	1,118	1,258
Bug	2,918	3,252	3,089
Brust	3,202	3,220	2,664
Dünnung	0,675	0,708	0,932
Rücken	3,373	3,601	3,440
Keule	6,116	6,271	6,269
Rücken und Keule in % der Schlachtkörperhälfte	50,10	49,98	50,34

Signifikante Unterschiede der Schlachtkörperteilstücke bestehen bei folgenden Teilstücken:

Kamm	Gruppe 2:3	P = 5%
Bug	Gruppe 1:2	P = 5%
Brust	Gruppe 2:3	P = 1%
Dünnung	Gruppe 1:3	P = 5%
	Gruppe 2:3	P = 5%
Rücken	Gruppe 1:2	P = 1%

Von den Teilstücken weist die Keule gewichtsmäßig die größten Unterschiede innerhalb der Gruppen auf. Zwischen den Nachkommengruppen sind die Unterschiede gering.
Gruppe 2 ist am ausgeglichensten, während Gruppe 3 bezüglich der Teilstückgrößen die höchsten Differenzen zeigt.

5.3. Gewichte der Organe und einiger Körperteile in kg

Tabelle 12

	Gruppe 1	Gruppe 2	Gruppe 3
Leber	0,821	0,794	0,821
Herz	0,268	0,271	0,289
Nieren	0,153	0,164	0,169
Milz	0,108	0,109	0,105
Lunge	1,049	1,059	0,954
Kopf	2,650	2,698	2,609
Haut	7,170	7,309	7,074

Die in der Tab. 12 angeführten Untersuchungsergebnisse sind unter dem Blickwinkel der Leistungsfähigkeit der Nachkommen von Interesse. Es zeigt sich, daß die Organgewichte: Leber, Herz und Nieren bei der Gruppe am größten sind, die auch den höchsten Wollertrag aufweist. Die Gruppe mit dem höchsten Lungen-

gewicht liefert die beste Zweihälftengesamtausbeute. Wir möchten hierbei keineswegs allgemeine Beziehungen zwischen den einzelnen Organgewichten und Woll- bzw. Schlachtleistungsergebnissen aufstellen. Es ist vielmehr so, daß die gewichtsmäßigen Unterschiede der Organe zwischen den Gruppen recht gering und kaum signifikant sind. Nur bei der Lunge liegt zwischen Gruppe 2 und 3 eine Signifikanz ($P < 5\%$) vor.
Wie aus den Untersuchungsergebnissen hervorgeht, brauchen großrahmige Tiere durchaus nicht die größten Organe zu haben.

5.4. Fetteinlagerung im Schlachtkörper

Dem Fettgehalt des Schlachtkörpers kommt eine besondere Bedeutung zu, weil er die Qualität des Schaffleisches entscheidend mit bestimmt und letztlich einen bedeutenden Einfluß auf die Nachfrage von gutem Schaffleich ausübt.
Die Untersuchungen von Wussow und König [6] zeigten in der Tendenz, daß durch den Fettgehalt besonders die Tageszunahmen und die Futterverwertung negativ beeinflußt würden. Demzufolge könnte eine Selektion auf hohe Tageszunahmen und günstige Futterverwertung gleichzeitig eine Kombination von guter Schlachtqualität bedeuten.
Angesichts der Bedeutung des Fettgehaltes haben wir der Fetteinlagerung im Schlachtkörper erhöhte Beachtung geschenkt.
Die Ergebnisse sind in der Tab. 13 enthalten.

Tabelle 13
Fetteinlagerung im Schlachtkörper in kg

	Gruppe 1	Gruppe 2	Gruppe 3
Darmfett	0,854	0,689	0,789
Netzfett	1,940	1,779	1,603
Nierentalg	1,063	0,991	1,002
Depotfett insgesamt	3,858	3,459	3,395

Signifikante Unterschiede bestehen nur bei
Netzfett Gruppe 1:3 $P < 1\%$.

Es zeigt sich bei den Fetteinlagerungen eine große Variationsbreite innerhalb der Gruppen, so daß die Abweichung der Gruppenmittelwerte voneinander als minimal anzusprechen ist.
Die große Variationsbreite bezüglich des Fettgehaltes erschwert natürlich die Fixierung der Beziehungen zu wesentlichen Mast- und Schlachtleistungsmerkmalen. An unserem Untersuchungsmaterial haben wir Beziehungen zwischen den Teilstückgewichten Rücken mit Lende und Keule – als Merkmal für gute Schlachtqualität – und dem Depotfettanteil gefunden ($r = +0{,}6217$ $P < 0{,}27$).
Für die einzelnen Nachkommengruppen ergeben die Korrelationskoeffizienten:

Gruppe 1: $r_s = +0{,}7143$ $P < 5$
Gruppe 2: $r_s = +0{,}1905$ –
Gruppe 3: $r_s = +0{,}7620$ $P < 5$

Tabelle 14
Variationsbreite und -koeffizient der Fetteinlagerung

	Gruppe 1	Gruppe 2	Gruppe 3
Darmfett	0,650 – 1,075 kg V = 17,64	0,490 – 0,920 kg V = 21,07	0,530 – 1,080 kg V = 28,24
Netzfett	1,270 – 2,680 kg V = 8,01	1,260 – 2,130 kg V = 17,04	0,790 – 2,200 kg V = 39,22
Nierentalg	0,630 – 1,550 kg V = 32,34	0,460 – 1,740 kg V = 36,07	0,475 – 1,870 kg V = 42,18
Depotfett, insgesamt	2,550 – 5,305 kg V = 24,05	2,210 – 4,790 kg V = 18,87	1,795 – 5,150 kg V = 24,98

Dieser Zusammenhang wird auch von SCHEELJE [4] bestätigt. Bei Tieren mit großem Rücken-, Lenden- und Keulengewicht ist ein hoher Depotfettanteil zu verzeichnen. Trotzdem sind, bedingt durch die große Variationsbreite, auch einzelne Tiere dabei, die bei einer guten Schlachtqualität nur eine geringe Depotfettmenge aufweisen. Von einer erblichen Veranlagung zu hohem Rücken-, Lenden- und Keulengewicht bei geringem Innenfettanteil kann allerdings nicht gesprochen werden.

Inwieweit der Depotfettanteil als repräsentativ für das Gesamtfett des Schlachtkörpers angesehen werden kann, ist nicht ermittelt worden. Nach Untersuchungen von WUSSOW und KÖNIG [6] besteht zwischen Depotfett und Gesamtfettgehalt des Schlachtkörpers keine so enge Korrelation ($r = 0{,}500 \pm 0{,}118$), um etwa das Depotfett allein als sicheren Maßstab des Fettgehaltes im Schlachtkörper ansehen zu können.

Von der Dünnung als einem Teilstück mit relativ starkem Verfettungsgrad ist eine Probe entnommen und eine chemische Analyse angefertigt worden in der Hoffnung, Aussagen über den Fettgehalt des Schlachtkörpers zu erhalten. Die Ergebnisse sind in Tab. 15 zu finden.

Tabelle 15
Chemische Analyse einer Probe der Dünnung

	Gruppe 1	Gruppe 2	Gruppe 3
Trockensubstanz %	54,02	54,72	53,85
Eiweiß %	13,89	13,84	14,32
Fett %	40,66	40,11	37,82
Asche %	0,63	0,61	0,63

Zwischen den Gruppen bestehen bei Trockensubstanz, Eiweiß und Asche geringfügige Unterschiede. Bei Fett sind sie entsprechend größer, aber statistisch nicht zu sichern.

Von uns ist der Versuch unternommen worden, einmal festzustellen, welches Schlachtkörperteilstück am besten mit dem Gesamtfettgehalt korreliert. Ist es möglich, durch chemische Analyse eines Schlachtkörperteilstückes auf den Gesamtfettgehalt des Schlachtkörpers zu schließen, wie beispielsweise beim Schwein ?

Zu diesem Zweck wurden die einzelnen Teilstücke von zwei Tieren chemisch auf Trockensubstanz, Eiweiß und Fett untersucht und mit der Gesamtprobe verglichen. Die Untersuchung an zwei Tieren zeigt folgende Ergebnisse.

	Trockensubstanz %	Eiweiß %	Fett %	Asche %
Tier Nr. 841				
Hals	45,87	15,80	31,42	0,72
Kamm	42,16	16,84	25,50	—
Bug	38,89	16,50	22,29	0,77
Brust	52,79	16,36	35,61	0,71
Rücken und Lende	51,16	14,91	35,50	0,68
Keule	37,02	12,80	23,31	0,83
Dünnung	46,23	16,80	28,07	0,73
Gesamtprobe	45,58	17,77	26,57	—
Tier Nr. 915				
Hals	46,14	17,34	29,39	0,72
Kamm	48,06	15,67	36,85	0,62
Bug	45,23	14,60	29,32	0,73
Brust	65,70	11,69	55,40	0,53
Rücken und Lende	58,20	14,55	42,73	0,60
Keule	44,56	15,65	28,19	0,75
Dünnung	61,57	9,94	50,30	0,51
Gesamtprobe	51,71	15,51	35,79	0,65

Dem Wert der Gesamtprobe kommt bei beiden Tieren der Wert des Teilstückes Kamm am nächsten. Eindeutig ist das beim Fettgehalt der Fall. Der Eiweißgehalt des Teilstückes Kamm bei Tier Nr. 915 zeigt zu dem der Gesamtprobe nächstgelegenen Teilstück Keule nur geringe Abweichungen. Auch im Trockensubstanzgehalt sind die Abweichungen bei Tier 841 der Teilstücke Hals und Kamm zur Gesamtprobe nicht bedeutend.

Zwischen den Werten der einzelnen Teilstücke chemisch bestimmtes Fett und mechanisch zerlegtes Fett besteht nur beim Tier 915 eine Korrelation von $r_s = +0{,}572$.

Die Probe der Dünnung kann, wie die Untersuchung an zwei Tieren ergab, nicht als repräsentativ für den Durchschnittsfettgehalt des Schlachtkörpers angesehen werden.

6. Diskussion der Ergebnisse

Mit Nachkommen der drei in unserer Mutterschafherde deckenden Stammböcke sollte getestet werden, inwiefern sich signifikante Unterschiede bezüglich einzelner Nutzleistungen ergeben. Da die Väter zum Teil beachtliche Unterschiede im Körperbautyp und den Wolleigenschaften aufweisen, ist es von Interesse, festzustellen, inwieweit diese Typunterschiede bei den Nachkommen vorhanden sind. Wie aus der Entwicklung der Körpermaße hervorgeht, sind die Typunterschiede nicht genau zu erkennen, sondern es ist allenfalls eine Tendenz vorhanden. Interessant ist aber vor allem, bestätigt zu finden, daß großrahmige Tiere, bei denen

Tiefe und Breite nicht vernachlässigt sind, entsprechend viel Körpermasse bilden und ansetzen können und demzufolge beste tägliche Zunahmen aufweisen. Als Merkmal für gute Schlachtqualität werden die Teilstückgewichte des Rückens mit Lende und der Keule angesehen. Hohe korrelative Beziehungen bestehen zwischen diesen Teilstücken (Keule, Lende, Rücken) und den Körpermaßen Rückenlänge und Brustbreite.

Keule, Lende, Rücken	: Rückenlänge	$r = +\ 0{,}7426$	$P < 0{,}1$
Keule, Lende, Rücken	: Brustbreite	$r = +\ 0{,}5595$	$P < 1$

Die Ergebnisse von SCHEELJE [4], daß zwischen Geburtsgewicht und täglichen Zunahmen ein Zusammenhang zu bestehen scheint ($r = 0{,}44$ $P < 1\%$), können nach unseren Untersuchungen nicht bestätigt werden. Bei unserem Versuch zeigt sich ein negativer Zusammenhang ($r_s = -0{,}298$, ist jedoch nicht signifikant von 0 verschieden). Es ist nach unserer Meinung nicht möglich, schon vom Geburtsgewicht der Nachkommen auf die Vererbung der Zunahmen und der Schlachtqualität der eingesetzten Böcke innerhalb einer Herde zu schließen.

Die Gruppe mit der höchsten täglichen Zunahme verbraucht die geringsten Futtermengen je 1 kg Lebendgewichtszuwachs und weist somit den geringsten Nährstoffverbrauch je 1 kg Lebendgewichtszuwachs auf. Ähnliche Ergebnisse liegen auch von HUNDT [2] vor.

Hohe korrelative Beziehungen bestehen zwischen den Teilstückgewichten Rücken mit Lende, Keule und der durchschnittlichen täglichen Zunahme $r = +0{,}6288 \pm 0{,}1234$ $P < 0{,}27$. SCHEELJE [4] bestätigt ebenfalls diese Beziehungen. Zwischen der täglichen Zunahme und der Schlachtkörperlänge besteht nach unseren Untersuchungen nur eine schwach positive Korrelation ($r = +0{,}2290 \pm 0{,}1934$). SCHEELJE fand dafür $r = 0{,}61$ $P < 1\%$. Unsere Ergebnisse weisen aber gesicherte Beziehungen zwischen täglichen Zunahmen und dem Depotfettanteil ($r = +0{,}6203$ $P < 0{,}27$) auf.

Bei unserem Material können die von WUSSOW und KÖNIG [6] festgestellten Beziehungen: verminderter Fettansatz — bessere Zunahmen und Futterverwertung nicht gefunden werden. Bei uns weisen die Tiere mit hoher täglicher Zunahme gleichzeitig auch einen hohen Verfettungsgrad auf. Die Ursachen für solch ein Verhalten der Nachkommengruppen könnten einmal in der erblichen Veranlagung zu suchen sein oder im folgenden begründet liegen. Es ist bereits erwähnt worden, daß zwischen den täglichen Zunahmen und den wertvollen Teilstücken Rücken mit Lende und Keule korrelative Beziehungen bestehen. Zwischen diesen Teilstücken und der Depotfettmenge ist ebenfalls eine Korrelation von $r = +0{,}6217$ $P < 0{,}27$ festzustellen. SCHEELJE hat bei seinen Versuchen auch diese Beziehung gefunden. Mit der Ausbildung von wertvollen Fleischpartien kann gleichzeitig eine Förderung der Depotfettmenge verbunden sein. Es würde sich dann folgender Zusammenhang ergeben: Hohe tägliche Nährstoffaufnahme — gute Tageszunahme — Förderung des Fleischbildungsvermögens und verstärkte Fetteinlagerung im Schlachtkörper. Die verstärkte Fetteinlagerung wird wahrscheinlich erst ab einer bestimmten Entwicklungsperiode des Tieres einsetzen.

Korrelative Beziehungen zwischen den Teilstückgewichten Keule, Lende, Rücken und dem Depotfett ergeben für die einzelnen Nachkommengruppen folgende Koeffizienten:

Gruppe 1: $r_s + 0{,}7143$ $P < 5$
Gruppe 2: $r_s + 0{,}1905$ –
Gruppe 3: $r_s + 0{,}7620$ $P < 5$

Die große Variationsbreite, die bei den drei Nachkommengruppen bezüglich der Fetteinlagerung besteht, ist als Zeichen dafür zu werten, daß eine starke Selektion auf positive Varianten einsetzen muß.
Der Versuch, die Schlachtkörperteilstücke herauszufinden, die am höchsten mit dem Gesamtfettgehalt des Schlachtkörpers korrelieren, bringt Ergebnisse, die auf Grund der geringen Tierzahl nicht aussagekräftig genug sind. Die Versuchsanstellung sollte wiederholt werden.
Es ergibt sich auch die Frage, ob durch die besonders guten Gewichte der Teilstücke Keule, Lende und Rücken als Kennzeichen wertvoller Schlachtqualität die Wolleistung begrenzt wird. Wir konnten bei unserem Versuchsmaterial keinen begrenzenden Einfluß feststellen, wie die Korrelation aus Keule, Lende, Rücken und Wolleistung zeigt: $r_s = +0{,}4763$ $P < 5$. Dieses Ergebnis steht auch im Zusammenhang mit den von Wussow, König und Hartwig [5] durchgeführten Untersuchungen. Sie fanden, daß hohe Wolleistungen weder die Futterverwertung verschlechtern noch die Körpergewichtszunahme deutlich begrenzen.

Zusammenfassung

Für die planmäßige züchterische Weiterentwicklung der Merinofleischschafzucht ist es wichtig, solche Vatertiere einzusetzen, deren beste Leistungen sicher vererbt werden. Zur Schätzung des Erbwertes dient die Nachkommenschaftsprüfung. Sie ist aber nur dann sinnvoll, wenn sie beide Nutzungsrichtungen des Merinofleischschafes berücksichtigt.
Im Institut für Tierzucht und Milchwirtschaft der Karl-Marx-Universität Leipzig sind Nachkommen von 3 Stammböcken getestet worden. Aus der Entwicklung der Körpermaße der Nachkommen sind die Unterschiede im Körperbautyp der Väter nicht genau, sondern nur in der Tendenz zu erkennen. Die Gruppe mit den großrahmigen Tieren zeigt den besten Nährstoffverbrauch je 1 kg Lebendgewichtszuwachs und die höchsten täglichen Zunahmen. Ihre Körperentwicklung vollzieht sich im Gegensatz zu den beiden anderen Gruppen während der Säugezeit langsamer. Diese Gruppe hat während des Prüfungszeitraumes je 1 kg Körpergewichtszunahme 7,97% verd. Rohprotein und 10,18% StE weniger verbraucht als die Gruppe mit der schlechtesten Futterverwertung.
Die Wollerträge der drei Gruppen ergeben keine signifikanten Unterschiede. Die Wollfeinheit variiert innerhalb der Gruppen recht stark und weist signifikante Unterschiede zum Gruppenmittel auf.
Bei der Zerlegung der Schlachtkörper lassen einige Teilstückgewichte signifikante Unterschiede erkennen. Bezüglich der Fetteinlagerung zeigt sich eine große individuelle Variation. Hohe korrelative Beziehungen bestehen zwischen dem

Depotfettanteil und wertvollen Schlachtkörperteilstücken. Die Gruppe mit den besten durchschnittlichen täglichen Zunahmen weist die größte Depotfettmenge auf.

Резюме

Для планомерного развития племенной работы с мериносами мясного направления важно использовать на племя такие самцы-бараны, высокая продуктивность которых надежно передается по наследству. Определение наследственной ценности производится по качеству потомства. Такая проверка рациональна лишь в том случае, если учитываются оба пользовательных направления. В Институте животноводства и молочного хозяйства Университета им. Карла Маркса исследовались потомки трех племенных баранов. Промеры потомков четкого представления о различиях в типе телосложения отцов не дают, но указывают лишь на тенденцию. Группа крупных животных лучше остальных использует корма на килограмм прироста живого веса и имеет самые высокие суточные привесы. В противоположность остальным двум группам их физическое развитие в подсосный период проходит медленнее. Эта группа в течение контрольного периода израсходовала на килограмм прироста живого веса на 7,97% меньше переваримого сырого протеина и на 10,18% меньше крахмальных единиц, чем группа с самой плохой оплатой кормов. Сборы шерсти трех групп не проявляют достоверных разностей. Тонина шерсти сильно варьирует внутри групп и достоверно различается от среднего групп. При разрубке туш установлены достоверные разности в весовых данных некоторых отрубов. В отношении отложения жира имеется большой диапазон индивидуальных вариаций. Высокие корреляции существуют между долей отложенного жира и ценными отрубами туш. Группа с лучшими среднесуточными привесами имеет самое большое количество отложенного жира.

Summary

A planful breeding development of the Merino mutton sheep breed should above all be achieved by means of sires with optimum performance which is safely hereditary. Estimations of heredity value are made on the basis of descendant tests. These tests, however, will be useful only if the two efficiency lines of the Merino mutton sheep are considered. Descendants from three progenitor rams were tested in the Animal Husbandry and Milk Farming Institute of the Leipzig Karl Marx University. The different physical structures of the sires were not precisely reflected but only traced in the body measurements of the descendants. Best nutrient utilization per kilogramme of live weight increase as well as the highest daily weight increases were observed in the group of the large animals. Their physical development is slower during their nursing period, contrary to the two other groups. The consumption of digestible crude protein and starch units (per kilogramme of live weight increase) during the test period was in this group 7.97% and 10.18% resp. less than that in the group with the lowest rate of feedstuff utilization. There were no significant differences in the wool yields of the three groups concerned. The fineness of the wool considerably varies within the groups with significant deviation from the group's average. Significant distinctions were observed between some of the meat portions when the carcasses were cut. Individual variations of considerable extent were found in regard to fat deposits. There are highly correlative relations between the portion of deposited fat and the valuable carcass portions. The biggest quantities of deposited fat were found in the group with the best daily average weight increases.

Literaturverzeichnis

[1] ALTENKIRCH, W., und B. KUPATZ: Ergebnisse der Nachkommenschaftsprüfung von Merinofleischschafböcken. Teil 1: Tierzucht 1960, **14**, 268–271; Teil 2: Tierzucht 1961, **15**, 168–170

[2] HUNDT, K. W.: Körperformen, Fleischleistung und Schlachtqualität bei Mastlämmern. Züchtungskde. 1959, **31**, 158–170

[3] KRÜGER, L., R. WASSMUTH und E. BERG: Einige Beiträge zur Frage der Nachkommenschaftsprüfung auf Mast- und Schlachtleistung bei Schafen. Z. f. Tierzücht. u. Züchtungsbiol. 1959, **73**, 101–116

[4] SCHEELJE, R.: Auswertungen der Nachkommenschaftsprüfungen auf Mastleistung und Schlachtkörperqualität an Böcken des Merinofleischschafes in einer Testherde. Züchtungskde. 1959, **31**, 366–377

[5] WUSSOW, W., K. H. KÖNIG und G. HARTWIG: Untersuchungen über Körperzuwachs und Wollansatz bei Merinofleischschafen. Tierzucht 1958, **1**. 12–18

[6] WUSSOW, W., und K. H. KÖNIG: Wolleistung, Wachstum und Schlachtergebnis bei Merinofleischschafen – ein Hinweis für objektive Leistungsprüfungen. Arch. f. Tierzucht 1960, **3**, 551–567

Buchbesprechungen

E. Porzig: **Verhaltensforschung bei Rindern.** Fortschrittsberichte für die Landwirtschaft 1/1964. Herausgegeben vom Institut für Landwirtschaftliche Information und Dokumentation der Deutschen Akademie der Landwirtschaftswissenschaften zu Berlin.

Der Autor des vorliegenden Heftes stellt oftmals unterschiedliche Versuchsergebnisse nebeneinander oder gar entgegengesetzte Resultate gegeneinander. Eine Literaturübersicht darf eben nicht selektieren, selbst auf die Gefahr hin, verwirrend zu wirken. Deshalb aber müssen wir den Wert des Heftes für den Praktiker einschränken. Das Heft ist also keine Anleitung zum Handeln für die Praxis, weil es nicht gebrauchsfertige neue Erkenntnisse, sondern neue Forschungsergebnisse in ihrer Problematik bringt. Allerdings dürften die Artikel auch dem Praktiker ein Genuß sein. Sie werden ihn zweifellos zum Nachdenken und zu eigenen Beobachtungen anregen.

Für den Wissenschaftler bringt das Heft eine Fülle von Anregungen. Die wichtigsten Kapitel beinhalten die Methodik von Untersuchungen zur Verhaltensforschung, das Weideverhalten, das Verhalten bei Selbstfütterung, den Geschmackssinn und das Sexualverhalten. Das Schwergewicht liegt eindeutig bei dem Weideverhalten der Rinder und hier wiederum bei Zeit, Dauer und Menge der Futter- und Wasseraufnahme sowie deren Abhängigkeit von der Erbanlage, vom Klima, von Qualität und Quantität des Futterangebotes und von der Organisation der Weidehaltung.

Bemerkenswert ist die abschließende Feststellung des Verfassers, daß in Europa und in der DDR sehr wenig auf dem Gebiet der Verhaltensforschung getan wurde. Tatsächlich sind rund zwei Drittel der 203 Literaturangaben in englischer Sprache verfaßt. Die restlichen Arbeiten entstammen jedoch fast alle der deutschsprachigen Literatur. Soweit aus den Titeln ersichtlich, beschäftigen sich nur zwei der englischsprachigen, aber 18 der deutschsprachigen Veröffentlichungen mit Fragen des Sexualverhaltens. Hinsichtlich des Weideverhaltens ist das Verhältnis umgekehrt. 80 in englischer Sprache erschienene Arbeiten bringen Versuchsergebnisse aus Europa, Afrika, Indien, Nordamerika, Neuseeland und Australien. Die Ergebnisse erfordern eine entsprechend vorsichtige Beurteilung, obwohl der Autor meint, daß im Weideverhalten keine allzuweit auseinandergehenden Unterschiede zwischen tropischem Gebiet und gemäßigter Zone auftreten. Daneben sind nur wenige deutschsprachige Arbeiten zum Weideverhalten angeführt, so wenige, daß man einige sofort vermißt. Dennoch muß man dem Autor recht geben, daß besonders im Hinblick auf die Haltung von Rindern in großen Herden die Verhaltensforschung in der DDR stärker beachtet werden sollte. Seine mühevolle Arbeit wird sicherlich manche Anregung dazu geben.

Weiland

Der Versand erfolgt nach einem festgelegten Verteilerplan direkt durch das Institut. Für Interessenten, die in diesem Verteiler nicht enthalten sind, erfolgt die Abgabe auf Wunsch gegen einen Unkostenbeitrag von 5,— MDN pro Heft, soweit es die Auflagenhöhe gestattet.

Dr. Martin Pankrath: **Wasserbedarf landwirtschaftlicher Nutztiere — Mengenormen** — 1. Auflage 1963, VIII, 99 S., 25 Diagr., 21 Tab., 2 Tafeln, Hln., MDN 10,70 — Hirzelverlag, Leipzig.

Der Aufbau moderner sozialistischer Landwirtschaftsbetriebe und die Einführung industriemäßiger Formen der Produktion setzen eine fortschreitende Spezialisierung und Konzentration in der Haltung landwirtschaftlicher Nutztiere voraus. Für die Planung großer Tierbestände und der erforderlichen Anlagen werden objektive Kennziffern benötigt, um einen optimalen Einsatz der vorhandenen Investitionsmittel zu ermöglichen.

Diesem Bedürfnis trägt die vorliegende Schrift Rechnung, indem für die landwirtschaftlichen Nutztiere Wasserbedarfsnormen aufgestellt werden. Die Sicherung des Wasserbedarfes der Nutztiere ist eine Voraussetzung sowohl zur Erzielung hoher Leistungen als auch für die Schaffung einwandfreier hygienischer Verhältnisse in der Nutzviehhaltung. Der allgemeine Fortschritt in der Tierhaltung, die Entwicklung moderner Produktionsverfahren und die aus der Massentierhaltung sich ergebenden höheren Anforderungen an die Hygiene erhöhen den Wasserbedarf, so daß die herkömmliche Wasserbedarfsnorm einer kritischen Überprüfung bedurfte.

Die Ermittlungen für die einzelnen Nutztierzweige wurden in neuen repräsentativen Betrieben in den Jahren 1956 bis 1959 durchgeführt. Der höchste, auf eine Großvieheinheit umgerechnete Wasserbedarf wurde bei Kühen festgestellt, wenn der Wasserbedarf für die Milchgewinnung und -behandlung mit berücksichtigt wird. Es folgen die Schweine, während der Bedarf für die übrigen Nutztiere stärker zurücktritt.

Die Unterschiede im Wasserbedarf werden im wesentlichen durch die Tränkart und die Wartung und Pflege der Wasserversorgungsanlagen bedingt. Ferner sind die Fütterung, die Leistungshöhe sowie das Klima von Einfluß. Der Anteil des Wasserbedarfes des gesamten Tierbestandes am Gesamtwasserbedarf eines modernen Großbetriebes wird mit $^1/_4$ bis $^1/_3$ festgestellt. Auf die Notwendigkeit wassersparender und Wasserverluste vermeidender Maßnahmen wird hingewiesen.

So wird die Durchlauftränke als Wasserverschwender abgelehnt, während die Selbsttränke als wassersparsamste Einrichtung herausgestellt wird.

Auf Grund der ermittelten Wasserbedarfsmengen werden Wasserbedarfsnormen entwickelt. Für die Anwendung der Normen, die nach Einzelnormen für die Ermittlung des Wasserbedarfes einzelner Tierarten oder eines Gesamtbetriebes und nach Komplexnormen für die Planung und Bilanzierung ganzer Gebiete unterschieden werden, werden eingehende Hinweise gegeben. Die Berücksichtigung der Normen bei der Projektierung von Anlagen für die tierische Produktion bietet die Gewähr für eine ausreichende Wasserbereitstellung. Die Notwendigkeit der Kontrolle einer rationellen Wasserverwendung sowie der Abwasserbehandlung und -verwertung auch in der Landwirtschaft wird abschließend betont.

Mudra

Seit 1963 erscheinen

„Fortschrittsberichte für die Landwirtschaft“

in denen auf Grund der vorliegenden Literatur die neuesten Forschungsergebnisse und -methoden unter Berücksichtigung des internationalen Höchststandes auf den jeweiligen Fachgebieten zusammenfassend und kritisch dargestellt werden. Die Themen werden in enger Zusammenarbeit mit den Sektionen der Deutschen Akademie der Landwirtschaftswissenschaften zu Berlin ausgewählt und von Fachwissenschaftlern bearbeitet. Die Berichte sollen in erster Linie die auf diesen Gebieten tätigen Wissenschaftler und die leitenden Mitarbeiter der staatlichen Organe sowie der gesellschaftlichen Organisationen über bestimmte Probleme informieren

Herausgeber:

DEUTSCHE DEMOKRATISCHE REPUBLIK
DEUTSCHE AKADEMIE DER LANDWIRTSCHAFTS-WISSENSCHAFTEN ZU BERLIN
INSTITUT FÜR LANDWIRTSCHAFTLICHE INFORMATION UND DOKUMENTATION · BERLIN W 8

Der Versand der Berichte erfolgt direkt durch das Institut nach einem mit den Sektionen der Deutschen Akademie der Landwirtschaftswissenschaften festgelegten Verteilerplan. Für Interessenten, die in diesem Verteiler nicht enthalten sind, erfolgt die Abgabe auf Wunsch gegen einen Unkostenbeitrag von 5,– MDN pro Heft, soweit es die Auflagenhöhe gestattet.
Fordern Sie unverbindlich den Themenplan aus dem Sie interessierenden Fachgebiet an.

Kolibri 360 GmbH
Ferdinand-Jühlke-Straße 7
99095 Erfurt, Deutschland
produktsicherheit@kolibri360.de